钢结构焊接节点 低周疲劳裂纹萌生及其 损伤评估

黄丽珍　著

WUHAN UNIVERSITY PRESS
武汉大学出版社

图书在版编目(CIP)数据

钢结构焊接节点低周疲劳裂纹萌生及其损伤评估/黄丽珍著.—武汉:武汉大学出版社,2022.12(2023.11 重印)
ISBN 978-7-307-23343-0

Ⅰ.钢… Ⅱ.黄… Ⅲ.钢结构—焊接工艺—低周率运行—疲劳—裂纹—损伤(力学)—评估 Ⅳ.TG457.11

中国版本图书馆 CIP 数据核字(2022)第 185459 号

责任编辑:胡 艳 责任校对:汪欣怡 版式设计:马 佳

出版发行:**武汉大学出版社** (430072 武昌 珞珈山)
(电子邮箱:cbs22@whu.edu.cn 网址:www.wdp.com.cn)
印刷:武汉邮科印务有限公司
开本:720×1000 1/16 印张:10.25 字数:166 千字 插页:1
版次:2022 年 12 月第 1 版 2023 年 11 月第 2 次印刷
ISBN 978-7-307-23343-0 定价:45.00 元

前　言

随着科技飞速发展，国内外钢结构建造水平大幅度提升。钢结构在我国现代化建设中的地位日益突出，在国民经济的各个领域得到了广泛应用，由于我国钢产量的持续增长，钢结构具有良好的发展前景。

在土木工程专业领域，钢结构在高层和超高层建筑及大跨度桥梁等的应用数不胜数。但在实际使用过程中，钢结构的疲劳问题仍是制约其可持续发展的关键技术难题。

钢结构的疲劳是微观裂纹在连续重复荷载作用下不断扩展，直至最后达到临界尺寸时出现的断裂破坏。破坏时，截面上的应力低于材料的抗拉强度，甚至还可能低于材料的屈服强度，塑性变形很小，具有较大的危险性。钢结构的疲劳按其断裂前的应变大小和应力循环次数，可分为高周疲劳和低周疲劳两种。飞机、车辆的断裂因其应变小、应变循环次数多，属于高周疲劳。强烈地震作用使结构产生反复摆动，也能使结构产生疲劳，但其应变大、应力循环次数少，属于低周疲劳。通过焊接方式连接的钢结构节点，在强烈地震作用下，节点局部经历了极大的循环应变幅，从而产生塑性累积损伤达到一定的界限，在很少的循环次数后发生断裂。钢结构焊接节点所表现的抗震性能不尽如人意，疲劳寿命大大降低。开展钢结构焊接节点的低周疲劳问题研究，进行疲劳损伤评估，具有非常重要的理论指导意义和工程应用价值。

本书主要介绍钢结构焊接节点低周疲劳裂纹萌生试验研究及其损伤评估方法。主要内容包括：通过两类焊接构造细节的低周疲劳试验，探讨梁柱节点焊接构造细节的低周疲劳性能、疲劳强度及低周疲劳损伤机理；根据地震作用下梁柱节点焊缝区震害特征，以箱形柱节点为试验对象，采用大位移幅值进行低周循环往复加载试验，分析地震作用下梁柱焊接节点焊缝裂纹萌生、扩展、贯通的演化过程及损伤破坏机制，提出箱形柱节点焊缝裂纹萌生的量化判据；基于焊缝构造细节的疲劳性能参数及整体节点试件疲劳危险点的应变响应，结合多轴疲劳临界面理论及 Miner 线性累积损伤，进行节点的疲劳损伤分析，提出修正的多轴疲劳临界面模型；利用 ABAQUS 有限元软件建立钢框架梁柱节点实体模型，进行数值分析，与试验结果进行对比验证。

感谢国家自然科学基金重点项目（项目编号：51438002）、国家自然科学基金面上项目（项目编号：51378409）、湖北省自然科学基金一般面上项目（项目编号：2022CFB547）以及孝感市自然科学计划项目（项目编号：XGKJ2022010097）在本书研究工作开展过程中给予的支持与资助。

本书可供从事钢结构疲劳设计、钢结构施工及材料研究的人员参考使用。

由于作者水平有限，希望读者不吝指正。

湖北工程学院

黄丽珍

2022 年 9 月

目　　录

第1章　绪论 ……………………………………………………………… 1

1.1　课题研究背景和意义 ………………………………………………… 1

1.2　国内外研究现状 ……………………………………………………… 2

　　1.2.1　地震作用下钢框架梁柱节点的试验研究 ………………………… 2

　　1.2.2　地震作用下钢框架梁柱节点的损伤评估 ………………………… 7

　　1.2.3　多轴疲劳寿命预测方法 …………………………………………… 11

1.3　主要研究内容及技术路线 …………………………………………… 17

　　1.3.1　主要研究内容 ……………………………………………………… 18

　　1.3.2　技术路线 …………………………………………………………… 19

　　1.3.3　创新点 ……………………………………………………………… 20

第2章　梁柱节点焊接构造细节的破坏机理研究 ……………………… 21

2.1　试验设计 ……………………………………………………………… 22

　　2.1.1　试件详细设计 ……………………………………………………… 22

　　2.1.2　试验设备 …………………………………………………………… 24

　　2.1.3　试验加载制度 ……………………………………………………… 24

2.2　试验结果 ……………………………………………………………… 25

　　2.2.1　试验现象及破坏形态 ……………………………………………… 25

　　2.2.2　单调力学性能试验结果 …………………………………………… 26

　　2.2.3　疲劳试验结果 ……………………………………………………… 27

2.3　试验结果分析 ………………………………………………………… 28

　　2.3.1　循环性能分析 ……………………………………………………… 28

2.3.2　疲劳性能分析 ……………………………………………… 29

2.3.3　疲劳强度分析 ……………………………………………… 32

2.4　损伤破坏机理 ……………………………………………………… 33

2.4.1　现有的焊接构件疲劳强度分级 ………………………… 33

2.4.2　两类焊接构造细节与 IIW 相似构造细节疲劳强度对比 … 36

2.4.3　焊接构造细节的损伤机理分析 ………………………… 39

2.5　本章小结 …………………………………………………………… 40

第 3 章　梁柱节点焊缝疲劳裂纹萌生与扩展试验及其规律研究 … 42

3.1　试验设计 …………………………………………………………… 43

3.1.1　试件设计及加工 ………………………………………… 43

3.1.2　试验仪器设备 …………………………………………… 45

3.1.3　试验工况及加载制度 …………………………………… 47

3.1.4　测点布置 ………………………………………………… 50

3.2　试验现象和破坏状态 …………………………………………… 56

3.2.1　节点试件 1 的加载过程、试验现象和破坏状态 ……… 56

3.2.2　节点试件 2 的加载过程、试验现象和破坏状态 ……… 60

3.2.3　节点试件 3 的加载过程、试验现象和破坏状态 ……… 64

3.3　试验结果分析 …………………………………………………… 72

3.3.1　裂纹类型 ………………………………………………… 72

3.3.2　裂纹宏观贯通模式 ……………………………………… 72

3.3.3　焊缝裂纹破坏形态分析 ………………………………… 73

3.3.4　裂纹破坏机制分析 ……………………………………… 74

3.3.5　梁翼缘焊缝应变分布规律 ……………………………… 78

3.4　本章小结 …………………………………………………………… 81

第 4 章　梁柱焊接节点焊缝区超低周疲劳损伤评估 …………… 83

4.1　超低周疲劳损伤评估的基本思路 ……………………………… 84

4.2　超低周疲劳损伤分析的几个关键问题 ………………………… 86

4.2.1　多轴疲劳破坏临界面的确定 …………………………………… 86
4.2.2　循环雨流计数法 …………………………………………………… 89
4.2.3　多轴疲劳损伤参量 ………………………………………………… 91
4.2.4　复杂应变路径的简化处理及非比例影响因子的确定 ………… 93
4.2.5　疲劳累积损伤准则 ………………………………………………… 101
4.3　梁柱节点试验的疲劳损伤分析 ……………………………………… 101
4.3.1　梁柱节点焊缝区危险点的应变响应 …………………………… 102
4.3.2　焊缝危险点的疲劳破坏临界面 ………………………………… 107
4.3.3　临界面上正、剪应变响应的循环雨流计数结果 ……………… 109
4.3.4　焊缝危险点的非比例影响因子 ………………………………… 113
4.4　梁柱节点焊缝的超低周疲劳损伤评估 ……………………………… 115
4.4.1　疲劳损伤估算结果 ………………………………………………… 115
4.4.2　损伤模型及疲劳性能参数分析 ………………………………… 117
4.4.3　节点焊缝损伤评估的影响因素分析 …………………………… 118
4.5　本章小结 ………………………………………………………………… 120

第5章　钢框架梁柱焊接节点有限元分析 …………………………… 122
5.1　多尺度弹塑性有限元分析方法 ……………………………………… 123
5.2　多层钢框架结构整体模型的多尺度分析 …………………………… 124
5.2.1　工程算例概况 ……………………………………………………… 124
5.2.2　工程算例多尺度建模 ……………………………………………… 125
5.2.3　模型加载 …………………………………………………………… 127
5.2.4　多尺度模型计算结果 ……………………………………………… 127
5.3　梁柱节点实体模型有限元分析 ……………………………………… 129
5.3.1　节点模型及其受力状态分析 …………………………………… 129
5.3.2　临界面正、剪应变响应对比分析 ……………………………… 134
5.3.3　非比例影响因子对比分析 ………………………………………… 137
5.3.4　疲劳损伤结果对比分析 …………………………………………… 138
5.4　本章小结 ………………………………………………………………… 139

第 6 章　结论与展望 ·· 140

　6.1　研究结论　·· 140

　6.2　进一步研究展望　·· 142

参考文献 ·· 144

第1章 绪　　论

1.1　课题研究背景和意义

由于钢结构具有高强度和良好的延展性，被广泛应用于地震活动区域建筑框架的建设中。美国 Northridge 地震和日本 Kobe 地震震害调查指出，钢结构建筑在地震作用下表现出的抗震性能并不能像设计师所预料的那样，而是在钢框架梁柱焊接节点区出现了大量的局部损伤破坏，甚至威胁结构的安全。这种在强烈地震作用下焊接结构的节点变形反复进入塑性状态，引起节点局部产生塑性累积损伤并达到一定的界限而发生破坏，称为超低周疲劳损伤破坏现象。

曾有地震发生后的震害调查发现，美国北岭地震区 100 多栋钢框架房屋发生了不同程度的梁柱焊接节点损坏。在梁柱焊接节点破坏案例中，梁端下翼缘焊缝区出现裂纹的比例占 80%~95%，而梁端上翼缘焊缝区出现裂纹的比例占 15%~20%；从裂纹起源位置来看，裂纹起源于焊缝区的占 90%之多，起源于母材的仅约占 10%；日本阪神地震区的 8 栋钢结构建筑的梁柱焊接节点中，其中 4 栋为工厂焊接节点，发生的脆性破坏有 2396 处，而另外 4 栋采用工地焊接节点，脆性破坏则多达 10112 处。① 震害调查结果表明，在强烈地震作用下多高层钢框架的梁柱焊接节点的焊缝处会有明显的裂纹萌生，并一直会扩展到与节点相连的杆件上去，造成钢框架结构节点的破坏，并直接威胁到结构的安全。

为了提高钢框架结构梁柱焊接节点的抗震性能，各国土木工程界展开了大量

---

① Kitagawa Y, Hiraishi H. Overview of the 1995 Hyogó-Ken Nanbu earthquake and proposals for earthquake mitigation measures ［J］. Journal of JAEE, 2004, 4：1-29.

Nakashima M, Inoue K, Tada M. Classification of damage to steel buildings observed in the 1995 Hyogoken-Nanbu earthquake ［J］. Engineering Structures, 1998, 20 (4-6)：271-281.

的节点试验研究和节点在地震作用下的损伤评估方法探索。这些研究主要围绕 H 梁柱节点，从结构构件的宏观层面来分析节点整体的抗震性能及地震损伤程度，所取得的研究成果在宏观上指导钢框架梁柱节点抗疲劳设计起到了重要作用。然而，在节点焊缝裂纹分析中，需要考虑梁受弯时焊缝裂纹尖端的实际受力状态，这种研究思路因不关注节点局部易损部位在地震作用下的弹塑性响应，较难把握钢框架焊接节点局部焊缝易损位置的疲劳损伤机理和破坏模式。

随着疲劳断裂力学及连续损伤力学的发展并逐渐应用于钢框架结构研究领域，各国研究者尤其是美日两国研究者更加注重展开关于钢框架结构使用的金属材料的抗疲劳性能研究，以及焊接工艺、焊接构造细节对疲劳性能影响的研究，试图从焊接节点的局部考虑梁柱节点材料的损伤劣化和断裂问题。

本书从局部概念出发，以试验研究为基础，采用理论分析与数值模拟计算相结合的方法，探讨两类焊接构造细节的低周疲劳破坏模式和疲劳强度及疲劳性能参数，分析强烈地震下钢框架结构焊接节点焊缝裂纹萌生、扩展、劣化模式及节点破坏机制，研究焊接节点的地震损伤评估方法。该研究对强烈地震作用下多高层钢框架焊接节点焊缝裂纹萌生与扩展机理研究、疲劳寿命预测及地震损伤评估，具有重要的研究意义和学术价值。

1.2　国内外研究现状

本书结合钢框架梁柱焊接节点试验，主要从多轴低周疲劳分析方法和连续损伤力学两方面研究强烈地震作用下钢框架梁柱焊接节点焊缝区的低周疲劳损伤评估方法。因此，本书的主要研究内容涉及三个方面：地震作用下钢框架节点的试验研究、地震作用下钢框架节点的损伤评估方法研究、多轴疲劳寿命预测方法的研究。

1.2.1　地震作用下钢框架梁柱节点的试验研究

在钢结构建筑中，通常将梁腹板通过螺栓与柱板连接，梁翼缘板与柱翼缘板连接采用完全渗透焊接方式，即这种栓焊连接方式曾被认为是一种传统的标准做法。然而，在 1994 年加利福尼亚的北岭地震和 1995 年的阪神地震中，大量的钢结构建筑发生梁柱连接处断裂破坏，并且大多数的梁柱连接节点断裂是由于梁下翼缘与柱翼缘板焊接连接处的破坏导致。钢结构建筑在这两次地震中表现出的性能让人们开始质疑当前连接方法的可靠性，认为这种类型的节点连接设计在地震中可能更容易发生失效破坏。国内外学者在钢框架梁柱节点的试验和理论研究方面做了大量的探索性工作，试图从不同角度改善钢框架梁柱节点的抗震性能。

其中，有部分研究工作主要集中在通过改变节点连接形式，如加强节点连接或者削弱梁截面，以改善节点延性性能，如图 1.1 所示。

Chen 等（2001）明确提出采用削弱梁翼缘截面方式来降低梁的抗弯能力，如图 1.1（e）所示。他们认为削弱部分类似保险丝的作用，使塑性屈服在梁削弱位置出现并扩展，避免节点过早出现裂缝，并通过设计大规模试件进行试验研究证明这种节点类型提高了节点延性和抗弯能力。与常规试验节点不同的是，该试验的节点试件采用考虑楼板作用的组合梁柱节点进行循环加载试验。试验结果表明，楼板的存在显著影响了正弯矩与负弯矩之比，楼板使梁受力变得不对称并且在梁下翼缘引起了更高的应变。

Castiglioni（2005）基于 H 梁柱边节点形式，探讨了加载历史对抗弯钢框架梁柱节点的循环性能的影响。试验表明，节点破坏模式很大程度上依赖于循环加载幅值。小循环幅值加载对钢材性能影响小，在梁翼缘发生局部屈曲，但对焊缝的性能影响大，易导致焊缝发生过早脆性断裂破坏；而大循环幅值加载使节点发生逐渐退化破坏。单次的大幅值加载对节点有利，可以增加节点寿命；相反地，大幅值的多次循环加载，则会使梁柱节点抗震性能劣化。

潘伶俐等（2012）针对我国现行钢结构设计规范对 H 梁柱节点域厚度的要求未考虑竖向加劲肋作用的情况，基于 H 柱与 H 梁的平面中柱节点形式，设计了有竖向加劲肋和无竖向加劲肋两种节点，采用混合加载制度进行拟静力试验，对比分析了节点域等效宽厚比的影响及竖向加劲肋对节点破坏模式、承载力、刚度、延性、耗能能力等性能的影响。为研究空间效应对节点域滞回性能及稳定性的影响，潘伶俐等（2015）设计了 4 个不同构造的空间 H 梁柱节点试件，进行空间节点试验，以讨论平面中柱节点拟静力试验研究成果中提出的用于衡量节点域稳定性的等效宽厚比概念是否仍适用，并对空间节点域的连接构造等对节点域性能的影响与平面试件的区别展开了分析。

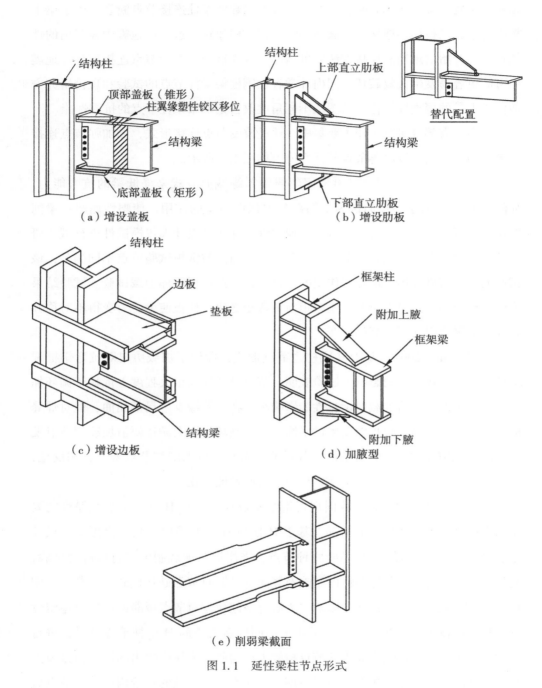

（a）增设盖板

（b）增设肋板

（c）增设边板

（d）加腋型

（e）削弱梁截面

图 1.1　延性梁柱节点形式

陈宏（2001）采用工字形截面 T 梁柱节点，通过足尺模型试验、理论分析和数值计算，研究四种不同构造的节点，即标准型节点、"狗骨头"型节点、带长槽型节点和焊接孔扩大型节点，在低周往复荷载下的脆性断裂、抗震性能，考察不同节点形式对于破坏失效的改进作用。

以上试验研究均从结构构件的宏观层面，研究梁柱节点的整体抗震性能，也有一些研究学者从焊缝局部的角度，如焊接连接工艺、节点形式、构造细节、焊接质量等方面，进行节点抗震性能的试验研究。

许多文献报道了关于北岭地震和阪神地震中梁柱连接处断裂破坏的原因，并提出许多假设来进行解释，这些假设通常指向梁翼缘与柱板之间的焊接质量，例如，现场焊接的工艺差、焊接接头的母材或焊接金属的韧性差等。美国在过去的几十年里，以加州伯克莱的 Popov 教授为代表，陆续进行了大批的梁柱节点在低周反复载荷作用下的试验研究，试验中脆性断裂现象比例很高，从侧面说明了梁柱焊接连接的延性是梁柱节点延性的主要保证。

Engelhardt 和 Husain（1993）的研究直接表明了焊接质量的重要性。他们所做的 8 个大尺寸试件均为翼缘焊接、腹板螺栓连接的梁柱连接试件，其中有几个试件的梁腹板与抗剪连接板之间有焊缝。所有试件均在循环增量位移控制下加载至破坏。各试件的破坏都是梁翼缘处的槽焊缝断裂，其中 3 个试件在下翼缘焊缝突然破坏时，梁几乎尚未进入塑性阶段。

虽然现场焊接的可靠性一直值得怀疑，而且连接处断裂也普遍归咎于焊接质量，但是实验室的大规模实验研究表明梁柱连接节点缺乏变形能力①，这才是梁柱连接处断裂的主要原因。对于需要在实验室进行测试的试件，焊工知道他所焊接的试件要由一组专家通过各种无损检测方法进行检验，梁翼缘与柱板之间的完全熔透焊缝的焊接程序也必须通过验收，考虑到这一点，焊工通常能够保证焊接

---

① Engelhardt M D, Husain A S. Cyclic-loading performance of welded flange-bolted web connections [J]. Journal of Structural Engineering, 1993, 119 (12): 3537-3550.

Chen S J, Chen G K. Fracture of steel beam to box column connections [J]. Journal of the Chinese Institute of Engineers, 1993, 16 (3): 381-394.

Chen S J, Yeh C H. Enhancement of ductility of steel beam-to-column connections for seismic resistance [C] //Structural Stability Research Council 1994 Tech. Session, Lehigh University, PA, 1994: 327-338.

质量，因此焊接连接处一般都具有良好的强度和变形能力。然而，大量的梁柱节点试件在结构试验中发生了脆性破坏，这显然说明现场焊接的问题不是焊接连接断裂的唯一原因。

西安建筑科技大学王万祯（2002）和宋振森（2001）基于 H 梁柱焊接节点，设计了 6 个 T 形试件，3 个全焊试件，另外 3 个是栓焊混合连接试件，通过循环加载试验，表明全焊连接节点比栓焊混合连接节点的滞回性能要好，较弱节点板的梁柱连接能产生较大的塑性变形，翼缘对接焊缝的质量对梁柱刚性连接的滞回性能有很大影响。据此，他们指出，提高梁柱刚性连接的延性，还应从节点形式、构造细节、焊接质量等方面加以重视。

Z. Saneei Nia（2014）基于美国钢结构学会钢结构设计规范 AISC（2005a，2005b）规定，设计了一栋 12 层建筑的平面图，以 3 种不同构造细节的箱形柱-工字形梁节点为研究对象进行循环加载试验，分析其抗震性能。这三种梁柱节点类型分别是未加强型节点（unreinforced connection，UR）、削弱型节点（widened flange connection，WF）、加强型节点（flange plate connection，FP），加强型节点利用附加翼缘板和剪切板，间接地将梁与柱连接，为了达到设计规范要求，附加翼缘板采用横向角焊缝和纵向角焊缝，此外，设计底板的焊缝时，角焊缝必须与槽缝焊接一起使用，与柱面连接处，3 种节点形式均采用完全熔透坡口焊形式（groove welding）。由此可以看出，Z. Saneei Nia 的试验研究在梁柱节点焊缝构造细节上给予了极大重视。

Z. Saneei Nia 试验模拟分析了地震作用下梁柱焊接节点裂纹萌生与扩展，他还特别指出：与 H 柱相反的是，箱形柱中的力通过内隔板的完全熔透焊缝进行传递。从内隔板上正应力分布来看，未加强型节点更容易发生焊缝断裂破坏。

Popov 和 Tsai（1989）、Engelhardt（1995）、Anderson 和 Duan（1998）、Chen（2003）的试验研究工作表明，梁翼缘上增加使用锥形肋板具有稳定的滞回性能，可以用其加强梁柱节点。但这些试验都是基于 H 柱节点试件进行，因此 Cheng-Chih Chen（2004）基于箱形柱节点形式进行循环加载试验。在他们研究工作基础之上，对锥形肋板进行改良设计，将翼缘肋板延长，试件设计同时考虑了焊缝构造细节的影响，如翼板（wing plate）的几何形状及垫板（backing bar）材料选择对节点裂纹萌生及扩展的影响。Cheng-Chih Chen 的试验结果也表明箱形柱的焊接横隔板至关重要，焊接横隔板使梁端约束力转移到节点连接处。Cheng-Chih Chen 还通过箱形柱节点及 H 柱节点的有限元分析指出：两种不同柱截面形式的节点焊缝区局部应力与等效塑性应变峰值分布规律不完全相同，鉴于目前的试验研究大多数集中讨论 H 柱节点，而箱形柱节点的试验研究成果则比较缺失的情况，对箱形柱节点的试验研究亟待开展。

在箱形柱内设置隔板，是经常采用的一种连接细节，但是装配制作内隔板的工艺比较复杂，而且价格昂贵，因此研究人员试图改进这种类型的连接细节。Shahabeddin Torabian 等（2010）针对这一目标，选取平面十字形梁柱节点，按照 AISC 抗震规范的相关规定进行循环加载试验，根据试验结果提出建议箱形柱节点采用垂直贯穿板力矩连接的方式，既能使箱形柱具有良好的抗震性能，又能消除内隔板，便于连接施工。

近年来，我国研究学者也开始关注焊接构造细节对钢框架梁柱节点抗震性能影响。张莉（2004）、李杰（2003）分别从不同柱截面形式、构造细节、焊接强度匹配等方面对钢框架梁柱节点进行了研究分析，但分析结果局限于有限元分析层面；熊俊（2011）选取钢框架梁柱节点中梁下翼缘和节点部分区域，采取不同的材料强度，几何尺寸及焊接构造方式对节点焊缝局部试件进行单向拉伸和拉压循环试验，以分析材料强度、加载方式、板件厚度、宽度等参数对节点局部焊缝性能的影响，并讨论了循环荷载作用下焊缝损伤破坏的原因。

由上述节点试验研究概述得知，目前基于结构构件层面的 H 梁柱节点形式的试验研究占多数，也取得了许多有益的成果，但是基于焊缝构造细节的箱形柱节点的试验研究成果则鲜有报道，并且两种不同柱截面形式的节点焊缝区局部应力与等效塑性应变峰值分布规律不完全相同，为此，从焊接构造细节的层面出发，以箱形柱节点为对象进行试验研究，对分析箱形柱节点焊缝区焊缝裂纹破坏机制及焊缝区疲劳损伤评估具有重要的研究价值。

1.2.2 地震作用下钢框架梁柱节点的损伤评估

与钢框架梁柱节点的试验研究相似，强震下钢框架结构的损伤评估研究主要集中在结构构件层面上，主要体现为以构件的宏观变形作为损伤评估变量，建立结构构件的损伤评估模型，进行结构整体的损伤程度和承载能力的评价。迄今为止，国内外研究学者在建立构件地震损伤评估模型方面做了大量的探索研究工作，较为常用的分析方法归纳为：基于 S-N 曲线的低周疲劳分析方法和基于疲劳累积损伤的评估方法。

1.2.2.1 基于 S-N 曲线的低周疲劳分析方法

该方法将材料高周疲劳性能分析的 S-N 曲线用于钢结构杆件的低周塑性疲劳研究中。具体而言，就是采用广义的应变幅或变形幅作为疲劳控制参量，对应代替高周疲劳寿命公式中的应力幅参量，较为典型的研究工作介绍如下。

Krawinkler 和 Zohrei 等（1983）较早提出将 S-N 曲线分析方法与结构的延性分析相结合，利用循环加载次数与结构构件塑性变形幅建立的低周疲劳寿命评估表达式如下：

$$N(\Delta\delta_{pl})^m = C \tag{1-1}$$

式中，N 为结构构件的循环加载次数；$\Delta\delta_{pl}$ 为杆件塑性变形幅；C、m 为材料参数。Bernuzzi 等（1997）、Ballio 等（1995）建议采用结构杆端宏观位移幅作为 S-N 曲线的广义应变幅，而 Sedlacek 等（1995）则建议采用杆端转动幅来建立 S-N 曲线中广义应变幅的表达式。

由此可见，基于 S-N 曲线方法进行钢框架梁柱节点的低周疲劳分析时，S-N 曲线中的广义应变幅主要采用结构构件的等效宏观变形幅表示。

1.2.2.2 基于疲劳累积损伤的方法

地震作用下焊接结构节点变形反复进入塑性状态，由此产生的累积塑性变形或累积滞回耗散能量引起多高层钢框架构件和节点的承载力及刚度逐步降低，当这个累积值达到一定的界限，就会导致结构或构件发生破坏，这种形式的损伤称为低周疲劳累积损伤。目前基于低周疲劳累积损伤的评估分析方法中，国内外研究学者通常以试验研究为基础，建立单参数累积损伤模型或双参数累积损伤模型，即采用结构或构件的塑性变形为单一自变量，或以能量耗散为单一自变量，或者将两者结合作为双变量，比较具有代表性的研究工作如下：

1. 以结构或构件的塑性变形为自变量

Krawinkler 和 Zhorei（1983）将公式（1-1）结合 Miner 线性累积损伤计算公

式，提出了基于梁柱节点杆端宏观地震响应的累积损伤评估方法：

$$D = \frac{1}{C} \sum n_i (\Delta \delta_{pl})^m \tag{1-2}$$

式中，n_i 为循环加载次数；$\Delta \delta_{pl}$ 为杆件塑性变形幅；C、m 为材料参数。

Powell 和 Allahabadi（1988）提出的损伤模型同时考虑了最大变形和循环变形对损伤的影响，并认为在所有的损伤参数中，根据变形得出的损伤指标最好。石永久（2012）展开了钢框架焊接接头的退化和节点破坏行为的试验研究后指出，同时考虑塑性应变累积以及滞回能累积的模型对于破坏发展趋势的预测最为准确吻合；以能量耗散的累积值为损伤参数的模型也能够反映趋势，但这两者表达相对复杂，在程序中需要不断积分计算滞回耗散能量，计算效率较低。以变形为损伤参数的模型能够较好地表现破坏发展趋势并且通过调整参数，模型预测的结果与前两者分布相近，其形式更简单。

2. 以能量耗散为自变量

Darwin 等（1986）认为，每一个结构或构件具有一定的塑性变形能，当能量耗散尽，结构发生破坏失效。他们利用循环加载条件下结构构件的能量耗散系数建立了相应的累积损伤模型，如下式所示：

$$D = \sum_{i=1}^{N} \frac{E_i}{F_y \cdot (S_u - S_y)} \tag{1-3}$$

式中，E_i 为第 i 个加载循环结构构件所耗散的能量；F_y、S_y 分别为结构的屈服承载力和结构的屈服位移；S_u 为单调荷载作用下结构的极限位移。Castiglioni（2009）通过进行 H 梁柱节点缩尺模型拟静力试验，利用试验数据比较了 Newmark（1980）、Darwin（1986）、Krawinkler（1983）、Gosain（1977）等的损伤指数模型的发展趋势，得出结论：基于构造细节的能量耗散降低指数能较好地反映试件实际的情况，优于其他损伤模型。

3. 双参数累积损伤模型

双参数累积损伤模型通常将变形系数和能量耗散系数进行线性组合来描述。在地震损伤评估模型中，讨论最多、应用最为广泛的 Park-Ang（1985）模型考虑了最大塑性变形以及累积塑性耗能的综合影响，并在累积损伤模型中突出了滞回耗能对累积损伤影响的权重系数。Park-Ang 双参数模型可表示为：

$$D = \frac{\delta_{\max}}{\delta_u} + \frac{\beta}{F_y \delta_u} \int dE \qquad (1\text{-}4)$$

式中，$\delta_{\max}$ 为地震作用下结构或构件的最大变形；δ_u 为单调荷载作用下结构或构件的极限变形；F_y 为构件的屈服强度；$\int dE$ 为构件循环过程中的累积滞回能；β 表示强度退化的参数，Park 和 Ang 建议在钢结构中 β 的取值为 0.025。

Park-Ang 模型首先应用于钢筋混凝土结构，其在钢结构地震损伤方面的研究在逐步完善中。刘伯权等（1998）、王东升等（2004）、王萌等（2013）进一步研究指出，Park-Ang 双参数模型虽然具有较好的试验基础，且能近似反映构件位移首次超越和塑性累积损伤联合作用的地震破坏机理，但仍存在一定的问题。因此，许多研究学者结合自身研究目的进行相应试验验证，针对 Park-Ang 模型的不足，提出了 Park-Ang 双参数改进模型，例如沈祖炎等（2002，1998）、欧进萍等（1991，2009）、王东升等（2004，2005）、王锦文等（2013）、徐国萍等（2011）、罗文文等（2014）、何利等（2010）。

综上所述，目前大量关于钢框架梁柱节点地震损伤评估的研究工作，主要从梁柱节点区整体损伤程度的角度出发。而近年来以局部应变概念为研究热点的损伤评估方法认为①：结构局部危险点的损伤是导致结构最终失效破坏的起源，也是关键因素，应作为研究重点。因此，以钢框架梁柱焊接节点的局部弹塑性响应

---

① Radaj D, Sonsino C M, Fricke W. Fatigue Assessment of Welded Joints by Local Approaches ［M］. Cambridge：Woodhead Publishing Limited, 2006.

Radaj D. Review of fatigue strength assessment of non-welded and welded structures based on local parameters ［J］. International Journal of Fatigue, 1996, 18（3）：153-170.

Tovo R, Lazzarin P. Relationships between local and structural stress in the evaluation of the weld toe stress distribution ［J］. International Journal of Fatigue, 1999, 21（10）：1063-1078.

Crupi G, Crupi V, Guglielmino E, et al. Fatigue assessment of welded joints using critical distance and other methods ［J］. Engineering Failure Analysis, 2005, 12（1）：129-142.

Fricke W, Kahl A. Comparison of different structural stress approaches for fatigue assessment of welded ship structures ［J］. Marine Structures, 2005, 18（7-8）：473-488.

Morgenstern C, Sonsino C M, Hobbacher A, et al. Fatigue design of aluminium welded joints by the local stress concept with the fictitious notch radius of r（f）= 1mm ［J］. International Journal of Fatigue, 2006, 28（8）：881-890.

Atzori B, Lazzarin P, Meneghetti G. Fatigue strength of welded joints based on local, semi-local and nominal approaches ［J］. Theoretical & Applied Fracture Mechanics, 2009, 52（1）：55-61.

为基础，结合疲劳损伤理论，分析梁柱焊接节点区焊缝材料的疲劳损伤劣化机理和裂纹萌生扩展演化过程是一个值得深入研究的问题。

1.2.3 多轴疲劳寿命预测方法

强震作用下钢框架梁柱焊接节点局部进入塑性状态并发生损伤，进而导致结构的失效破坏，该现象通常被认为是超低周疲劳破坏，而此时梁柱节点区承受着复杂的多轴载荷作用。事实上，承受单轴荷载的复杂构件如果存在缺口等几何形状突变的情形，也会使复杂构件的几何形状突变处处于多轴的应力应变状态。同样地，钢框架梁柱焊接节点焊缝局部构造细节几何特征复杂，焊接局部区域往往处于多轴受力状态，因此评价梁柱节点焊缝区由于循环加载引起的疲劳损伤应结合多轴低周疲劳评估方法进行。

目前的多轴疲劳寿命评估方法有等效应变法、能量法、临界面法。下面分别对这三类评估方法进行概述。

1.2.3.1 等效应变法

基于应变的寿命预测方法，通常是将等效应变作为损伤过程的控制参量，然后结合单轴状态下的 Manson-Coffin 方程估算多轴状态下的疲劳寿命。等效应变法的损伤控制参量主要有以下几种形式：

（1）基于最大主应变幅准则的寿命预测公式为：

$$\frac{\Delta \varepsilon_1}{2} = \frac{\sigma'_f}{E} (2N_f)^b + \varepsilon'_f (2N_f)^c \tag{1-5}$$

式中，σ'_f 为疲劳强度系数；b 为疲劳强度指数；ε'_f 为疲劳塑性系数；c 为疲劳塑性指数；$\frac{\Delta \varepsilon_1}{2}$ 为最大主应变幅。

（2）基于 Von-Mises 屈服准则的寿命预测公式为：

$$\frac{\Delta \varepsilon_{eff}}{2} = \frac{\sigma'_f}{E} (2N_f)^b + \varepsilon'_f (2N_f)^c \tag{1-6}$$

式中，$\frac{\Delta \varepsilon_{eff}}{2} = \frac{\sqrt{2}}{6} [(\varepsilon_1 - \varepsilon_2)^2 + (\varepsilon_2 - \varepsilon_3)^2 + (\varepsilon_3 - \varepsilon_1)^2]^{\frac{1}{2}}$。

（3）基于最大剪应变屈服理论的寿命预测公式为：

$$\frac{\Delta \gamma_{max}}{2} = \frac{\sigma'_f}{E} (2N_f)^b + \varepsilon'_f (2N_f)^c \tag{1-7}$$

式中，$\dfrac{\Delta\gamma_{max}}{2} = \Delta\varepsilon_{13} = \dfrac{\Delta\varepsilon_1 - \Delta\varepsilon_3}{2}$。

等效应变法是单轴疲劳分析方法在多轴疲劳中的应用，大量研究证明，该方法用于多轴比例加载条件下的疲劳寿命预测效果较好，但对于非比例加载条件下的多轴疲劳寿命预测精度较差。

1.2.3.2　能量法

能量法是把能量作为疲劳损伤参量，具体通过应变能密度与疲劳循环次数建立寿命预测方程。能量法于 1961 年由 Morrow 提出，他认为塑性功的累积使材料内部发生不可逆损伤并最终导致疲劳破坏，即构件在每一次循环都吸收了外界施加的能量，并转化为材料内部的损伤，该损伤不可逆，并且损伤的程度与吸收的能量成正比，当损伤累积达到某一临界值，便发生失效破坏，该过程与外荷载的加载方式无关。

20 世纪 60 年代，闭路电动液压实验系统的建立，使精确测量疲劳过程中消耗的应变能成为可能，为早期疲劳能量理论的发展奠定了实验基础，进而使能量方法成为疲劳研究中最活跃的领域之一。根据唯象原理，研究人员提出许多基于能量参数的疲劳损伤模型和失效准则①，这些能量参数包括循环迟滞能、总应变能等，例如，Ellyin 于 1980 年提出采用塑性应变能来计算材料所吸收的能量；

---

① Ellyin F，Kujawshi D. Plastic strain energy in fatigue failure［J］. ASME，J. Press. Vess. Tech，1984，106：342-347.

Ellyin F，Kujawshi D. A Multiaxial fatigue criterion including mean-stress effect［J］. Advance in Multiaxial Fatigue，ASME STP 1191，1993：55-66.

Guard Y S. A new approach to the evaluation of fatigue under multiaxial loadings［J］. Methods for Predicting Material Life，ASME，1979：247-263.

Macha E，Sonsino C M. Energy criteria of multiaxial fatigue failure［J］. Fatigue Fract Engng Mater. Struct.，1999，22：1053-1070.

Goto M，David K M. Initiation and propagation behavior of micro cracks in Ni-base super alloy dimer 720 Li［J］. Engineering Fracture Mechanics，1998，60（1）：1-8.

吴富民，田丁栓. 用塑性滞后能原理估算随机载荷下的疲劳寿命［J］. 航空学报，1994（03）：264-268.

谢里阳，于凡. 疲劳损伤临界值分析［J］. 应用力学学报，1994（03）：57-60，141-142.

沈海军，郭万林，冯谦. 材料 S-N、ε-N 及 da/dN-ΔK 疲劳性能数据之间的内在联系［J］. 机械强度，2003（05）：556-560.

1981 年，Guard 进一步发展了塑性功理论，首先把每一循环加载下的应力-应变响应分为若干微小的增量并计算塑性功增量大小，然后将整个循环中的塑性功增量逐步累加起来，并与裂纹萌生建立关系，并由此发展了多轴加载条件下的疲劳寿命预测方程。尽管基于能量法的疲劳评估表达式较多，但是这些疲劳损伤模型和失效准则有个共同点，就是试图采用某种形式的应变能表征疲劳损伤，当这种形式的能量累积达到某个极限值时，材料发生破坏，将这种研究思路采用下式描述：

$$\sum_{i=1}^{N_f} \Delta W_i = W_f' \tag{1-8}$$

式中，ΔW_i 为第 i 个循环累积的能量；W_f' 为疲劳失效时的累积总能量；N_f 疲劳失效循环次数。

能量法这一概念成功地用于单轴低周疲劳后，许多学者将其推广到多轴低周疲劳。尽管在某些情况下能量法能成功处理试验数据，但仍有不少学者对此持否定态度。他们认为，塑性功作为疲劳损伤参量主要存在以下不足之处：

（1）塑性功是标量，不能反映多轴疲劳破坏面的位置；

（2）能量法疲劳寿命评估缺乏一个精确的本构方程和必要的材料参数；

（3）当循环寿命次数大于 2000 时，塑性应变能较小而且分散性大，导致难以进行准确的寿命计算；

（4）材料的循环硬化或循环软化现象对塑性应变能的影响程度不同，加载的应力或应变水平不同也会导致产生的总塑性应变能大小不相等，而能量法疲劳寿命预测方法中并没有将材料性能的影响和加载应力或应变水平的影响考虑在内。

1.2.3.3 临界面法

Findely 等较早提出了材料疲劳破坏临界面这一概念，认为材料疲劳破坏存在一个破坏面，该平面上的损伤参量与材料疲劳寿命密切联系。临界面理论一经提出，便受到了研究学者的广泛关注，并展开了大量的基于临界面法的多轴疲劳寿命预测模型的研究。由于其疲劳寿命预测效果较好，加上临界面的概念具有明确的物理意义而被广泛接受。

在已有的多轴疲劳临界面方法中，临界面准则主要有两大类：一类是以应力为疲劳参量的多轴高周疲劳临界面准则；另一类是以应变为疲劳参量的多轴低周疲劳临界面准则。结合本书研究对象的特点，这里主要介绍基于应变参量的多轴低周疲劳临界面准则。

Brown 和 Miller（1973）较早研究了基于应变参量的多轴疲劳寿命预测临界面法。他们提出，将疲劳损伤临界面上的应变状态作为临界面损伤参量，具体而言，就是将最大剪应变幅所在的平面定义为疲劳临界面，疲劳寿命是关于临界面上最大剪应变幅的函数。Socie 等（2000）在此基础上结合 Manson-Coffin 应变寿命公式，提出疲劳寿命预测模型为：

$$\frac{\Delta \gamma_{max}}{2} = (1 + v_e) \cdot \frac{\sigma'_f}{E} \cdot (2N_f)^b + (1 + v_p) \cdot \varepsilon'_f \cdot (2N_f)^c \quad (1-9)$$

式中，$\frac{\Delta \gamma_{max}}{2}$ 为临界面上的最大剪切应变幅；σ'_f、ε'_f、b、c 为材料的疲劳性能参数，分别表示疲劳强度系数、疲劳延性系数、疲劳强度指数和疲劳延性指数；v_e、v_p 分别表示弹性和塑性泊松比；E 为材料的弹性模量；N_f 为疲劳循环寿命。

Kandil（1988），Brown 和 Miller（1973）研究认为，材料的疲劳损伤起始于最大剪切应变幅平面，而临界面上的法向正应变促使裂纹发展，因此他们建立的疲劳损伤准则，即 KBM 模型，将最大剪切应变幅和最大剪切应变幅平面上的法向正应变变程的线性组合作为临界面疲劳损伤控制参量，表达式如下：

$$\frac{\Delta \gamma_{max}}{2} + S \cdot \Delta \varepsilon_n$$

$$= [1 + v_e + (1 - v_e)S] \cdot \frac{\sigma'_f}{E} \cdot (2N_f)^b + [1 + v_p + (1 - v_p)S] \cdot \varepsilon'_f \cdot (2N_f)^c$$

$$(1-10)$$

式中，$\Delta \varepsilon_n$ 为临界面上的正应变变程；S 为正应变影响系数。由上式可以看出，KBM 模型的疲劳损伤参量仅与正应变和剪应变有关。

Socie 等（1985）在 Kandil、Brown 和 Miller 研究成果基础之上进一步研究了非比例加载条件的疲劳损伤模型，将最大剪切应变幅 $\frac{\Delta \gamma_{max}}{2}$ 和法向正应变 ε_n 的线性组合定义为疲劳临界破坏准则，同时还考虑了一个应力参量——平均法向正应力 $\sigma_{n, m}$ 对疲劳损伤的影响，Socie 模型可表示为：

$$\frac{\Delta \gamma_{max}}{2} + \varepsilon_n + \frac{\sigma_{n, m}}{E} = f(N_f) \quad (1-11)$$

Fatemi 和 Socie（1988）研究指出，在建立非比例加载下的临界面疲劳损伤准则时，仅采用应变参量（如 KBM 模型中的 $\frac{\Delta\gamma_{max}}{2}$ 和 $\Delta\varepsilon_n$）并不能有效地反映材料在非比例加载条件下的附加强化效应，因此他们引入了一个应力相关项取代 KBM 模型中的法向正应变，以此考虑材料非比例加载条件下的附加强化效应的影响。这个应力相关项是最大剪应变幅平面上的最大法向正应力 $\sigma_{n,\,max}$，据此提出了多轴非比例疲劳寿命预测模型（FS 模型）为：

$$\frac{\Delta\gamma_{max}}{2}\left(1 + k\frac{\sigma_{n,\,max}}{\sigma_y}\right)$$

$$= \left[(1 + v_e)\frac{\sigma'_f}{E}(2N_f)^b + (1 + v_p)\varepsilon'_f(2N_f)^c\right]\left[1 + k\frac{\sigma'_f}{2\sigma_y}(2N_f)^b\right] \tag{1-12}$$

式中，σ_y 为材料屈服强度；k 为材料经验系数，当经验系数 k 较难确定时，可近似取为 1.0[①]。该临界面准则中的最大法向正应力参量 $\sigma_{n,\,max}$ 包含了法向平均正应力 $\sigma_{n,\,m}$ 的贡献，临界面上的最大法向正应力可定义为：

$$\sigma_{n,\,max} = \sigma_{n,\,a} + \sigma_{n,\,m} \tag{1-13}$$

Li 等（2009，2011）通过研究不同应变路径下循环附加效应对疲劳寿命的影响，得出与 Fatemi 和 Socie 相似的结论。基于此，他们结合 FS 模型，将一个荷载循环中经历最大剪切应变幅的材料平面定义为疲劳破坏临界面，并通过在 KBM 模型的正应变参量中引入一个应力相关因子来反映临界面上正应变和剪应变对多轴疲劳损伤的程度，并同时反映非比例附加强化对疲劳寿命的影响，提出了一个修正的 KBM 临界面模型（MKBM 模型）：

$$\frac{\Delta\gamma_{max}}{2} + \left(1 + \frac{\sigma_{n,\,max}}{\sigma_y}\right)\frac{\Delta\varepsilon_n}{2}$$

$$= \left[(1 + v_e)\frac{\sigma'_f}{E}(2N_f)^b + (1 + v_p)\varepsilon'_f(2N_f)^c\right]\left[1 + \frac{\sigma'_f}{2\sigma_y}(2N_f)^b\right] \tag{1-14}$$

在此研究工作进行的同时，Li 等（2010）利用 von Mises 屈服准则，考虑上述应力相关因子的非比例附加强化效应影响，结合临界面上的法向正应变幅和最

① Shamsaei N, Fatemi A. Effect of hardness on multiaxial fatigue behavior and some simple approximations for steels [J]. Fatigue & Fracture of Engineering Materials & Structures, 2009, 32 (8): 631-646.

大剪切应变幅合成为一个等效应变，提出了一种修正 von Mises 等效应变临界面准则：

$$\frac{\Delta\varepsilon_{eq}^*}{2} = \left[\left(1 + \frac{\sigma_{n,\,max}}{\sigma_y}\right)\left(\frac{\Delta\varepsilon_n}{2}\right)^2 + \frac{1}{3}\left(\frac{\Delta\gamma_{max}}{2}\right)^2\right]^{\frac{1}{2}} \tag{1-15}$$

他们还指出，平均正应力对疲劳寿命具有显著影响，而平均剪切应力对疲劳寿命的影响较小。因此式（1-14）及式（1-15）在考虑平均正应力的影响后，可以分别写成如下表达式：

$$\frac{\Delta\varepsilon_{eq}^*}{2} = \frac{\Delta\gamma_{max}}{2} + \left(1 + \frac{\sigma_{n,\,a} + \sigma_{n,\,m}}{\sigma_y}\right)\frac{\Delta\varepsilon_n}{2} \tag{1-16}$$

$$\frac{\Delta\varepsilon_{eq}^*}{2} = \left[\left(1 + \frac{\sigma_{n,\,a} + \sigma_{n,\,m}}{\sigma_y}\right)\left(\frac{\Delta\varepsilon_n}{2}\right)^2 + \frac{1}{3}\left(\frac{\Delta\gamma_{max}}{2}\right)^2\right]^{\frac{1}{2}} \tag{1-17}$$

Shang 和 Wang 等（2007，1998）认为多数的多轴疲劳临界面损伤模型是基于试验而得到的经验公式，公式中涉及的材料常数需要做昂贵的多轴疲劳试验来确定，于是他们试图通过只利用单轴疲劳材料参数建立统一的多轴疲劳损伤参量，该损伤参量既能适用于多轴比例加载条件，又能适用于多轴非比例加载条件。据此，他们开展了薄壁管试样的拉扭比例与拉扭非比例加载试验研究，利用 von Mises 准则将临界面上的最大剪应变幅 $\Delta\gamma_{max}/2$ 和最大剪应变折返点间的法向正应变幅度 ε_n^* 合成一个等效应变，作为临界面疲劳损伤控制参量为（SW 模型）：

$$\frac{\Delta\varepsilon_{eq}^{cr}}{2} = \left[\varepsilon_n^{*\,2} + \frac{1}{3}\left(\frac{\Delta\gamma_{max}}{2}\right)^2\right]^{\frac{1}{2}} \tag{1-18}$$

Chen（1996）等从材料变形的物理基础和宏观尺度应力应变关系出发，研究了非比例加载条件下的多轴疲劳问题，提出的适用于剪切疲劳破坏的临界面模型为：

$$\frac{\Delta\gamma_{max}}{2} + \frac{\Delta\varepsilon_n}{2} = \frac{\tau_f'}{G}(2N_f)^{b_0} + (1 + L\cdot\Phi)^{-\frac{1}{n'}}\gamma_f'(2N_f)^{c_0} \tag{1-19}$$

式中，n' 为循环应变硬化指数；L 为具有材料依赖性的非比例强化参数；Φ 为反映非比例路径变化的参数；τ_f'、γ_f'、b_0、c_0 为剪切疲劳性能参数，分别表示剪切疲劳强度系数、剪切疲劳延性系数、剪切疲劳强度指数和剪切疲劳延性指数；G 为材料的剪切模量。

吴志荣（2014）针对多轴随机载荷下的疲劳寿命预测问题，兼顾疲劳损伤参量要考虑非比例附加强化效应的影响，提出以最大剪应变幅值 $\Delta\gamma_{max}/2$ 和最大剪应变幅值平面上修正的 SWT（Smith-Watson-Topper）参数作为多轴疲劳损伤控制参量，其疲劳寿命预测模型如下：

$$\frac{\Delta\gamma_{max}}{2} + k\left(\frac{\sigma_{n,\,max}\Delta\varepsilon_n}{E}\right)^{0.5} = \frac{\tau_f'}{G}(2N_f)^{b_0} + \gamma_f'(2N_f)^{c_0} \qquad (1-20)$$

式中涉及的符号含义同前面所述。

综合上述可知：基于应变参量的临界面准则中，临界面一般以最大剪切应变幅所在的平面进行定义，但临界面疲劳损伤参量主要表现为两种类型：一类通过临界面上的正应变和剪应变参量进行组合作为疲劳损伤控制参量，这些疲劳破坏准则的研究主要基于 Brown 和 Miller 的研究基础之上展开讨论；另一类除了考虑临界面上应变参量的影响之外，通过引入应力相关项（如临界面上的最大法向正应力 $\sigma_{n,\,max}$）来描述非比例加载条件下对多轴疲劳损伤的影响，主要以 Fatemi 和 Socie 的研究为参考模型，提出多轴非比例疲劳寿命预测临界面破坏准则的损伤控制参量。

尽管临界面疲劳损伤控制参量建立的方法不同，但是均是通过将其与 Manson-Coffin 进行结合，并对 Manson-Coffin 中的材料参数组合形式加以修改，建立多轴疲劳临界面寿命预测模型。鉴于不同研究领域的研究对象及其特点不尽相同，材料疲劳性能参数的运用存在局限性，根据具体研究对象的材料特征及受力特征，有针对性地选择合适的疲劳性能参数，进行疲劳寿命预测及疲劳损伤评估是非常有必要的。因此，本书根据箱形柱节点局部细节特征开展了焊缝构造细节低周疲劳试验研究。

1.3　主要研究内容及技术路线

本书以试验研究为主要手段，根据箱形柱-工字形梁焊接节点的几何特征，采用试验与细观损伤理论相结合、试验分析与有限元模拟分析相结合、试验研究与疲劳理论分析相结合的方法，系统深入地研究了钢框架梁柱焊接节点在强震作用下的疲劳裂纹破坏模式和节点破坏机制，以及焊接节点的多轴疲劳损伤估算方法。

1.3.1　主要研究内容

根据上述研究思路及方法，本书主要研究内容概括为如下几个方面：

（1）根据已发布的疲劳设计指导规程，结合钢框架结构梁柱节点焊接局部构造特征，设计了两类焊接构造细节进行低周疲劳测试。根据疲劳测试结果研究了建筑用 Q235 钢焊接试件的疲劳失效模式、循环性能及疲劳性能，并将两类焊接构造细节的低周疲劳强度与现有疲劳设计指导规程中相同构造细节的疲劳强度S-N曲线进行对比，分析了超低周疲劳加载条件下焊接结构的疲劳强度及破坏机制。

（2）研究了大于屈服位移的位移循环加载条件下梁柱节点的疲劳破坏行为及损伤劣化机理。基于 Q235 钢箱形柱-工字形梁焊接节点试件的低周循环往复加载试验结果，分析了节点焊缝区裂纹类型、裂纹萌生及扩展的破坏形态、疲劳裂纹损伤演化过程、沿梁翼缘横向和纵向的应变分布规律，通过节点破坏机制分析，提出了箱形柱焊接节点裂纹萌生的量化判据。

（3）研究了箱形柱-工字形梁柱焊接节点在大位移幅循环加载条件下的疲劳损伤估算方法。本书基于焊接构造细节（CLG 试件和 PB 试件）的疲劳性能参数及节点循环加载试验中焊缝区疲劳危险点的应变数据，主要采用两种方法计算疲劳损伤参量，即统一的多轴疲劳临界面准则（SW 模型）和修正的 FS 模型，前者利用 Von-Mises 准则将临界面上的正、剪应变参数合成一个等效应变，并将其作为临界面上的损伤控制参量；后者损伤参量采用非比例影响因子考虑非比例附加强化效应的贡献。结合 Miner 线性累积损伤准则计算梁柱节点焊缝疲劳危险点的疲劳损伤程度。通过对疲劳损伤结果的对比分析，提出了适用于箱形柱节点的疲劳损伤评估模型及疲劳性能参数。

（4）研究了钢框架结构整体多尺度模型及梁柱焊接节点实体模型的有限元数值模拟，并将数值分析与节点循环加载试验结果进行对比检验。采用 ABAQUS 有限元软件，基于多尺度建模方法对某一四层钢框架结构整体模型进行弹塑性分析，确定在地震动输入下框架结构疲劳破坏危险点位置及危险点的受力状态，并将计算结果作为梁柱节点实体单元有限元模型的边界条件，对节点实体精细有限元模型进行位移循环加载的数值模拟，将模拟计算结果与节点位移循环加载试验结果进行对比验证。

1.3.2 技术路线

在前人研究工作的基础上，针对已有研究工作有待进一步解决的问题，采用试验研究、机理分析、数值模拟相结合的方法，深入研究了强震作用下钢框架梁柱焊接节点焊缝疲劳破坏机制及损伤评估，采用技术路线如图 1.2 所示。

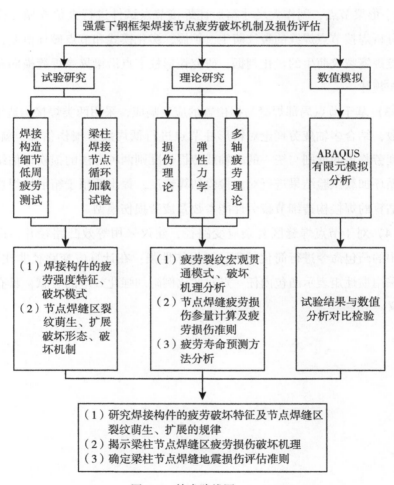

图 1.2　技术路线图

1.3.3　创新点

（1）鉴于目前低周疲劳中抗疲劳设计的研究成果尚未系统化，各国均未发布低周疲劳设计指导规程，且关于箱形柱节点焊缝局部细节的疲劳性能参数匮乏，本书根据钢框架结构梁柱焊接节点焊缝构造细节特征，设计两类焊接构造细节缩尺试件进行低周疲劳试验，研究焊接构造细节的疲劳性能参数、疲劳强度特征及疲劳损伤机理。

（2）从局部概念出发，针对工程上常规采用但相关研究却鲜有报道的箱形柱-工字形梁节点，制作大尺寸箱形柱焊接节点试件进行大位移循环往复加载试验，分析焊接节点焊缝的裂纹萌生、扩展、劣化模式和节点破坏机制，提出箱形柱节点焊缝裂纹萌生的量化判据，研究箱形柱节点沿梁翼缘焊缝横向及纵向的应变分布规律。

（3）基于节点局部焊缝易损位置的应变响应，采用两类焊接构造细节疲劳性能参数，结合多轴疲劳理论对箱形柱节点进行低周疲劳损伤估算，就修正的 FS 多轴疲劳临界面准则与统一的多轴疲劳损伤准则两种方法的损伤评估结果同焊接节点循环加载试验结果进行对比检验估算精度，提出适用于箱形柱焊接节点疲劳损伤估算的焊接构造细节疲劳性能参数及疲劳损伤模型。

（4）对于节点焊缝区复杂应变路径，建议采用等效凸路径并借助 MATLAB 程序中的凸包命令进行简化处理，可操作性强；在计算应变路径非比例效应时，建议采用惯性矩表示凸包内任一点对非比例附加强化效应的贡献，具有明确的物理意义。

第2章　梁柱节点焊接构造细节的破坏机理研究

强烈地震对钢框架结构的作用时间短、能量大，钢结构梁柱节点焊缝区域局部位置会进入塑性状态，从而使结构在焊接节点处发生损伤，甚至导致结构破坏，强震作用下钢框架梁柱焊接节点的失效破坏通常为超低周疲劳破坏。[①] 这种破坏同焊接节点的细部构造有关，对钢框架梁柱焊接节点的抗震设计而言，研究节点区焊接构造细节在高循环塑性应变加载条件下的超低周疲劳行为，对于减少梁柱节点区的震害破坏显得尤为重要。目前，在世界范围内，焊接结构的疲劳设计是通过对焊接结构的局部焊接构造细节进行强度等级划分，即按照焊接构件局部构造细节的应力集中特征，如焊缝的受力形式及应力集中的分布形态，将焊接构造细节进行统计分类，然后采用疲劳测试和概率可靠度统计分析相结合的方法，将焊接构造细节的疲劳强度进行等级划分，确定不同焊接构造细节的疲劳寿命曲线（S-N 曲线），以此来指导焊接结构的抗疲劳设计。需要指出的是，焊接试件的疲劳强度等级划分通常是基于单轴疲劳性能测试进行的。

根据大量的已有试验研究成果可知，虽然不同学者的研究领域存在差别，但是目前焊接构造细节试验测试研究主要集中在高周疲劳范围内，对焊接构造细节的低周及超低周疲劳研究，虽然有部分学者进行了一些试验研究并发表了成果，

---

① Popov E P, Yang T S, Chang S P. Design of steel MRF connections before and after 1994 Northridge earthquake [J]. Engineering Structures, 1998, 20 (12): 1030-1038.

Ricles J M, Fisher J W, Lu L W, et al. Development of improved welded moment connections for earthquake-resistant design [J]. Journal of Constructional Steel Research, 2002, 58 (5-8): 565-604.

Ballio G, Castiglioni C A. A unified approach for the design of steel structures under low/or high cycle fatigue [J]. Journal of Constructional Steel Research, 1995 (43): 75-101.

Tateishi K, Hanji T. Low cycle fatigue strength of butt-welded steel joint by means of new testing system with image technique [J]. International Journal of Fatigue, 2004, 26: 1349-1356.

但低周疲劳的研究尚未形成系统的研究结论。目前，尚未有明确发布的关于焊接构件低周疲劳设计指导规程。

鉴于不同研究领域的研究对象及其特点不尽相同，材料疲劳性能参数的运用存在局限性，应当根据具体研究对象的材料特征及受力特征，有针对性地选择合适的疲劳性能参数。据此，为了研究梁柱节点区焊接构造细节的低周疲劳行为，本章的主要工作为：

（1）进行了两类钢框架梁柱焊接节点焊缝疲劳构造细节的低周疲劳性能试验，分别为单面 V 形坡口焊平板对接焊接试件和单面 V 形坡口焊十字形承载焊接试件；

（2）分析了焊接构造细节的循环性能、疲劳性能及疲劳强度；

（3）将疲劳测试结果与现有疲劳设计规程中同类焊接疲劳构造细节的 $S\text{-}N$ 曲线进行了对比，研究了超低周加载条件下焊接构造细节的损伤破坏机理，分析了焊接构造细节超低周疲劳破坏与高周疲劳破坏的差异，试验研究结果可为焊接结构的超低周疲劳设计提供参考。

2.1　试验设计

2.1.1　试件详细设计

根据查阅相关文献进行分类总结，不同研究学者进行疲劳测试采用的焊接构造细节测试试件主要形式如图 2.1 所示。

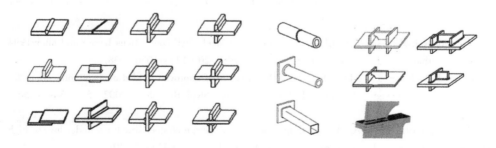

图 2.1　不同学者焊接构造细节疲劳测试试件

　　以往确定材料疲劳性能参数一般通过对光滑的薄壁圆管试件或焊材圆管试件进行疲劳测试，本研究为进行多高层钢框架结构箱形柱焊接节点疲劳寿命计算及损伤分析，结合箱形柱节点焊接构造细节特征，设计了两种形式进行低周疲劳试验研究。试验采用 Q235 钢，将 16mm 厚的钢板开成 V 形坡口，试样从平板试件上切割，并保证焊缝位于试样中心，运用手弧焊方式进行对接，制作成平板对接焊接试件（plate butt weld specimen，PB 试件）以及十字形承载焊接试件（cruciform load-carrying groove weld specimen，CLG 试件），试件尺寸设计如图 2.2 所示，试件加工后的照片如图 2.3 所示。

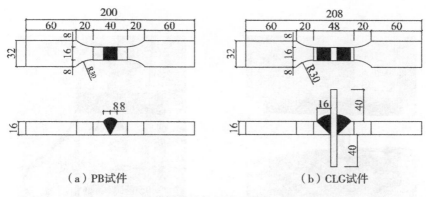

(a) PB试件　　　　　　　　　(b) CLG试件

图 2.2　焊接试件尺寸（单位：mm）

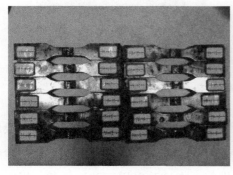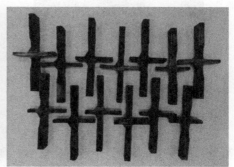

（a）PB 试件　　　　　　　　（b）CLG 试件

图 2.3　试件照片

2.1.2 试验设备

钢框架梁柱焊接节点焊接构造细节的低周疲劳试验参照《金属材料轴向等幅低循环疲劳试验方法》（GB/T15248—2008），试验在常温、大气环境下进行，用引伸计记录试件工作区变形，引伸计的标距有 25mm 和 50mm 两种，分别用于 PB 试件和 CLG 试件工作区变形量测，试验中引伸计布置如图 2.4 所示。

此次单轴低周疲劳试验利用武汉大学复杂介质多尺度力学研究中心的 INSTRON1342 疲劳试验机进行（图 2.5），试验机最大试验力为 250kN，最大频率 30Hz。

图 2.4　引伸计布置图　　　　图 2.5　INSTRON1342 疲劳试验机

2.1.3 试验加载制度

在疲劳荷载作用下，最简单的载荷谱是恒幅循环载荷。在低周疲劳中一般以应变作为疲劳控制参量，当应变比 $R=-1$ 时，对称恒幅循环载荷控制下，实验给出的应变-寿命关系体现材料的基本疲劳性能。本试验采用正弦波加载，恒定应变幅控制，如图 2.6 所示。

寿命 N_f 定义为在对称恒幅载荷作用下循环到破坏的循环次数。疲劳破坏有裂纹萌生、稳定扩展和失稳扩展至断裂三个阶段。这里研究的是裂纹萌生寿命，

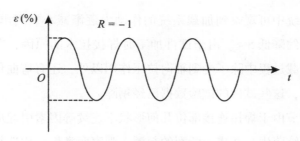

图 2.6 加载波形

因此，"破坏"定义为出现可见小裂纹（2mm），对于延性较好的材料，裂纹萌生后有相当长的一段扩展阶段，不应计入裂纹萌生寿命。

本试验分 6 个工况加载，加载工况详见表 2.1。

表 2.1   试验加载工况

工况	应变幅 ε_a	拉应变	压应变	试件编号	试件数量
1	0.4%	0.4%	−0.4%	PB04、CLG04	各 2 个
2	0.5%	0.5%	−0.5%	PB05、CLG05	各 2 个
3	0.6%	0.6%	−0.6%	PB06、CLG06	各 2 个
4	0.7%	0.7%	−0.7%	PB07、CLG07	各 2 个
5	0.8%	0.8%	−0.8%	PB08、CLG08	各 2 个
6	1.0%	1.0%	−1.0%	PB10、CLG10	各 2 个

表 2.1 中所列试件编号 PB 和 CLG 后面的数字表示对应加载工况下的应变幅值，如 PB04 表示平板对接焊接试件，加载的应变幅值为 0.4%，两类焊接构造细节试件的每一种工况分别采用 2 个试件进行试验，试件编号以 PB04-1、PB04-2 命名，其余试件依此类推。

2.2   试验结果

2.2.1   试验现象及破坏形态

疲劳加载试验过程中，当试件出现裂纹时，试件刚度下降，承载力也随之降低，数据采集系统中可观察到加载系统的作动力逐渐减小。当出现 2mm 可见裂纹时，作动力大约降低 5%。由于试件加工时焊接技术的原因，有个别试件略呈弯曲状态，在加载过程中除了受到轴向拉压作用以外，还有弯曲作用，导致试件较早地发生屈曲，这些试件的试验数据已经剔除。

　　焊接构造细节由于焊接连接部位几何形状不连续等因素引起应力集中，在循环加载下导致裂纹萌生，并成为断裂的起源。观察两类焊接构造细节裂纹出现的位置，发现 PB 试件与 CLG 试件的裂纹萌生位置不同，即具有不同的疲劳失效模式。在拉压循环荷载作用下，PB 试件均在焊趾处萌生疲劳裂纹，而 CLG 试件则有一部分于焊趾处萌生裂纹，另一部分于焊根处萌生裂纹，如图 2.7 所示。

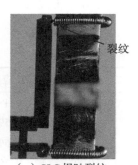

（a）PB焊趾裂纹　　　　　（b）CLG焊根裂纹　　　　　（c）CLG焊趾裂纹

图 2.7　试件在低周疲劳下的裂纹萌生位置

2.2.2　单调力学性能试验结果

　　本试验根据《金属材料室温拉伸试验方法》（GBT228.1—2010），采用 3 个原材料试件进行单调拉伸试验确定钢材的基本力学性能参数。材料 Q235 钢的化学成分见表 2.2，单调力学性能参数见表 2.3，其单调拉伸曲线如图 2.8 所示。

表 2.2　　　　　　　　　　　　　**Q235 钢的化学成分**

C（%）	Mn（%）	Si（%）	P（%）	S（%）	Ni（%）	V（%）	Cu（%）
0.15	0.53	0.2	0.031	0.025	0.011	0.008	0.013

表 2.3   Q235 钢材料力学性能

试件	屈服强度 σ_s（MPa）	屈服应变 ε_1（%）	流动强化应变 ε_2（%）	极限强度 σ_b（MPa）	极限应变 ε_b（%）	伸长率 δ（%）
1	245.941	0.140	1.388	421.765	22.471	36.6
2	263.228	0.101	1.769	407.514	20.192	41.2
3	254.397	0.165	2.134	417.069	20.265	36.1
平均值	254.522	0.135	1.764	415.449	20.976	38.0

从表 2.3 单调力学性能试验结果可以看出，Q235 钢材的延性性能较好。图 2.7 的单调拉伸力学性能曲线显示，Q235 钢材存在较长段的屈服平台，说明其塑性较好。

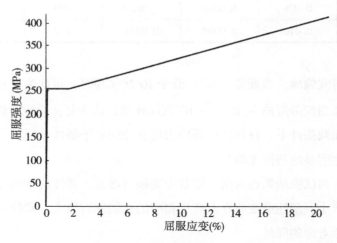

图 2.8　Q235 钢单调拉伸力学性能曲线

2.2.3　疲劳试验结果

在疲劳加载试验过程中，试件工作区内的轴向应变由引伸计直接测量。表 2.4 所列 ε_a 为总应变幅，ε_{ea} 为弹性应变幅、ε_{pa} 为塑性应变幅，均为稳态滞后环对应的试验数据，名义应力幅 σ_a 为滞后环稳定时的作动力全幅与试件工作区面积的比值，N_f 为焊材试件的裂纹萌生寿命，$2N_f$ 为循环作用的反向次数。

表 2.4　　　　　　　　　　　　　循环加载试验结果

试件	ε_a	ε_{Pa}	ε_{ea}	σ_a（MPa）	$2N_f$
PB04	0.004	0.0024	0.0016	319	464
PB05	0.005	0.0032	0.0018	355	210
PB06	0.006	0.0042	0.0018	356	140
PB07	0.007	0.0050	0.0020	364	98
PB08	0.008	0.0060	0.0020	395	80
PB10	0.010	0.0078	0.0022	415	62
CLG04	0.004	0.0024	0.0016	316	810
CLG05	0.005	0.0033	0.0017	329	460
CLG06	0.006	0.0043	0.0017	353	164
CLG07	0.007	0.0052	0.0018	403	84
CLG08	0.008	0.0060	0.0020	389	66
CLG10	0.010	0.0079	0.0021	419	30

在疲劳研究领域，当疲劳寿命 N_f 低于 10^2 次循环时，可认为材料发生超低周疲劳破坏，而当疲劳寿命 N_f 在 $10^2 \sim 10^4$ 次循环时，认为是低周疲劳破坏。在高循环塑性应变加载条件下，材料的循环应力应变往往处于塑性范围内，疲劳加载过程中材料产生明显的塑性变形。

表 2.4 所列试验结果也表明，随着应变幅的增加，弹性应变幅在总应变幅中的比例逐渐减小，塑性应变幅在总应变幅中的比例逐渐增大，塑性耗能增加，从而表现出疲劳寿命的降低。

2.3　试验结果分析

2.3.1　循环性能分析

材料的循环性能，是循环荷载作用下的应力-应变关系。由试验结果建立 Q235 钢焊接构造细节的应力-应变关系，在单轴加载条件下，通常采用 Ramberg-

Osgood 关系①描述滞后环曲线（$\Delta\sigma$-$\Delta\varepsilon$ 曲线）：

$$\frac{\Delta\varepsilon}{2}=\frac{\Delta\varepsilon_e}{2}+\frac{\Delta\varepsilon_p}{2}=\frac{\Delta\sigma}{2E}+\left(\frac{\Delta\sigma}{2K'}\right)^{\frac{1}{n'}} \qquad (2-1)$$

式中，$\frac{\Delta\varepsilon}{2}$为应变幅，即 ε_a；$\frac{\Delta\varepsilon_e}{2}$为弹性应变幅，即 ε_{ea}；$\frac{\Delta\varepsilon_p}{2}$为塑性应变幅，即 ε_{pa}；$\frac{\Delta\sigma}{2}$为应力幅，即 σ_a；E 为弹性模量；K' 为循环强度系数，具有应力量纲；n' 为应变硬化指数。将试验数据拟合得到 K' 和 n'，其值见表 2.5。

表 2.5　　　　　　　　　　　　焊材试件的材料参数

试件	K'（MPa）	n'	σ_f'(MPa)	b	ε_f'	c
PB	1134	0.2085	783.3	−0.1397	0.1193	−0.6739
CLG	1369	0.2430	576.24	−0.0830	0.0273	−0.3611

　　分别将 PB 试件和 CLG 试件在不同应变恒幅对称循环控制下的稳态滞后环置于同一坐标内，本书取应变幅为 0.4%、0.6% 和 0.8% 循环控制下的稳态滞后环绘于图中，并将各稳态滞后环顶点连线得到循环应力-应变曲线。图 2.9（a）中的虚线为 PB 试件的循环应力-应变曲线，图 2.9（b）中的虚线为 CLG 试件的循环应力-应变曲线。循环应力-应变曲线反映了材料在低周疲劳作用条件下不同应变幅的应力幅响应特征。

2.3.2　疲劳性能分析

　　材料的疲劳性能，是循环荷载作用下的应变-寿命（ε-N）关系。在单轴低周疲劳分析中，Manson-Coffin 公式对诸多材料都能够给出较好的疲劳寿命预测结果。Manson-Coffin 应变-寿命关系式表达为

$$\frac{\Delta\varepsilon}{2}=\frac{\Delta\varepsilon_e}{2}+\frac{\Delta\varepsilon_p}{2}=\frac{\sigma_f'}{E}(2N_f)^b+\varepsilon_f'(2N_f)^c \qquad (2-2)$$

式中，σ_f'，ε_f'，b，c 分别为疲劳强度系数、疲劳延性系数、疲劳强度指数及疲劳

---

① 陈传尧. 疲劳与断裂 [M]. 武汉：华中科技大学出版社，2002.

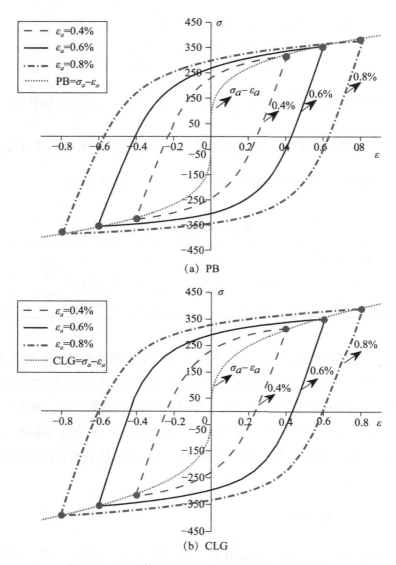

(a) PB

(b) CLG

图 2.9　PB 试件与 CLG 试件的循环应力-应变曲线

延性指数，其他符号意义同前。

　　将表 2.4 试验结果代入公式（2-2），拟合得到两类焊材试件的材料参数如表 2.5 所示。

　　图 2.10 是将 PB 试件和 CLG 试件的疲劳试验数据以及由疲劳试验数据拟合的曲线在双对数坐标中表示，图中虚线为总应变幅与疲劳寿命反向次数的关系曲

线，实线分别为塑性应变幅和弹性应变幅与疲劳寿命反向次数的关系曲线。

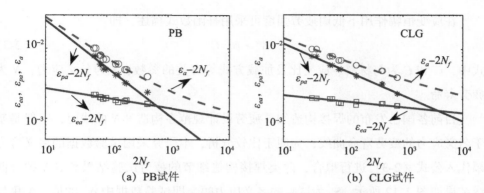

(a) PB试件　　　　　　　　　(b) CLG试件

图 2.10　焊材试件的 Manson-Coffin 应变-寿命关系曲线

通过 Manson-Coffin 关系式对焊材试件预测的寿命值与试验寿命值对比如图 2.11 所示。由图可见，疲劳寿命预测结果均分布在试验结果的 2 倍分散带之内，表明试验寿命与拟合方程的预测寿命符合良好，因此平板对接焊接构造细节与十字形承载焊接构造细节的单轴低周疲劳寿命均可较好地由 Manson-Coffin 公式进行预测。

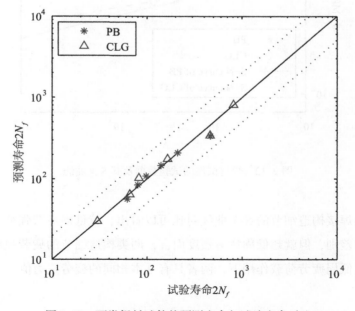

图 2.11　两类焊材试件的预测寿命与试验寿命对比

2.3.3　疲劳强度分析

在应变恒幅作用下低周疲劳强度可采用幂函数式描述，即

$$S^m \cdot N = C \qquad\qquad (2\text{-}3)$$

式中，m 和 C 为与材料、应变比及加载方式等有关的参数；S 为名义应力；N 为疲劳寿命。

目前各国已发布的焊接构造细节疲劳设计规范在构造 $S\text{-}N$ 曲线时，一般是基于名义应力的疲劳寿命曲线，为便于比较分析，本研究采用试验数据的名义应力幅代入公式（2-3）进行拟合，两类焊接构造细节的疲劳试验结果和 $S\text{-}N$ 拟合曲线结果如图 2.12 所示，S_a 为试验的名义应力幅，即试验数据中 σ_a 的值，N 用焊接构造细节试件的裂纹萌生寿命 N_f 代入。

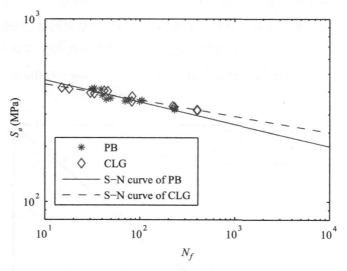

图 2.12　焊材试件的试验数据及其 $S\text{-}N$ 曲线

从两类焊接构造细节的 $S\text{-}N$ 曲线对比可以看出，就低周疲劳强度而言，两者存在一定的差别，但就超低周疲劳强度而言，两类构造细节的疲劳强度值非常接近，即在超低周疲劳荷载作用下，两者具有基本相同的疲劳抗力值。

2.4 损伤破坏机理

从工程实际应用出发，结构的疲劳破坏可宏观地表征为两个阶段：损伤累积造成的裂纹萌生和裂纹扩展造成的疲劳失效破坏。在疲劳研究进程中，结构疲劳破坏机理认识的一个重要分水岭是德国工程师 Wohler 提出了采用无应力集中的平滑试件标定材料疲劳强度的方法（即 *S-N* 曲线法）。但对于焊接构件而言，由于焊接过程引起的焊缝根部或焊趾处局部应力集中现象，导致焊接构件与平滑试件的疲劳强度存在很大的差异，因此深入研究焊接构件的疲劳损伤破坏机理，具有重要意义。

2.4.1 现有的焊接构件疲劳强度分级

与平滑试件不同，焊接构件因焊缝材料不均匀、焊接工艺、几何形状变化等因素引起的局部应力集中现象，会显著加速疲劳裂纹的萌生和扩展，因此考虑不同焊接构造细节的应力集中特征，包括焊缝的受力形式及应力集中的分布形态（如图 2.13 所示），才能更准确地评价焊接构件的疲劳强度。

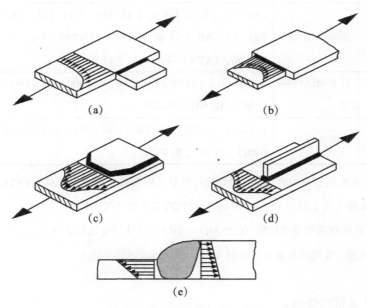

图 2.13 焊接构造细节及结构应力

根据应力集中特征，将不同焊接构造局部细节进行归类，划分为不同的疲劳强度等级，并结合疲劳试验方法与试验结果可靠度分析，定义不同构造细节的疲劳寿命曲线，即 S-N 曲线。

美国 AASHTO、英国 BS5400、国际焊接协会 IIW、欧盟 EC3、日本 JSSC、中国 GB50017 等疲劳设计指导规程均采用了这一方法，焊接构造细节疲劳强度等级划分及 S-N 曲线分别如表 2.6、图 2.14 所示。

表 2.6　　　　　不同疲劳设计规程焊接构造细节疲劳强度等级划分

疲劳规范/ 推荐标准	颁布国家、 机构	疲劳强度等级划分	分级数目
AASHTO	美国国家公路和运输协会	A(165)、B(110)、B′(82.7)、C(69)、C′(82.7)、D(48.3)、E(31)、E′(17.9)	8
BS5400	英国标准协会	S、B、C、D、E、F、F2、G、W	8
Eurocode3	欧盟标准化协会	FAT160、FAT 140、FAT 125、FAT 112、FAT 100、FAT 90、FAT 80、FAT 71、FAT 63、FAT 56、FAT 50、FAT 45、FAT 40、FAT 36	14
IIW	国际焊接协会	FAT160、(FAT 140)、FAT 125、FAT 112、FAT 100、FAT 90、FAT 80、FAT 71、FAT 63、FAT 56、FAT 50、FAT 45、FAT 40、FAT 36	13 (14*)
JSSC	日本钢结构协会	A(190)、B(155)、C(125)、D(100)、E(80)、F(65)、G(50)、H(40)	8
GB50017	中国建设部	1(210#)、2(171)、3(148)、4(130)、5(114)、6(100)、7(87)、8(74)	8

注：* IIW 新发布的疲劳设计指导规程调整了疲劳强度等级，取消了 FAT140 疲劳强度等级，并对重新定义了疲劳寿命 $N>10^7$ cycle 时的疲劳强度（图 2.14）。

我国钢结构设计规范（GB50017）中疲劳设计规范未给出疲劳强度，本表列出的容许应力为根据 S-N 曲线公式计算得到 $N=2\times10^6$ 次对应的疲劳强度。

从表 2.6 可以看出：

（1）虽然各疲劳设计指导规程均采用了疲劳强度等级划分的方法来处理不同

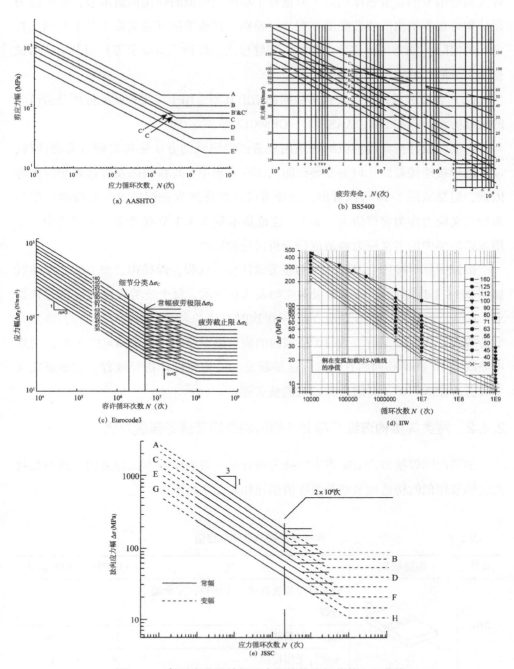

图 2.14　各国疲劳设计规程中焊接构造细节的 S-N 曲线

焊接构造细节的疲劳强度问题，但是对于相同或相似的焊接构造细节，各国疲劳设计指导规程给出的疲劳强度存在一定差别。这些差别可能主要来源于各国工程设计的实际（如常用焊接节点型式、焊缝形式、焊缝质量要求等）以及对疲劳试验结果分散性的概率可靠度处理等。

（2）各疲劳设计指导规程多数明确指出其不适用于应变控制的低周疲劳范畴的抗疲劳设计，如 IIW、AASHTO、GB50017 等。

各疲劳设计指导规程虽然均采用疲劳试验测试的方法来构造疲劳寿命曲线，以考虑焊接连接截面几何突变导致的局部应力集中、焊接缺陷及焊接残余应力等因素，但是从图 2.14 可以看出，各疲劳设计指导规程在构造 S-N 曲线时一般均采用名义应力作为容许应力（幅）。这也是本章 2.3.3 节疲劳强度分析当中，采用试验结果中的名义应力幅值进行分析讨论的原因。

根据国际焊接协会 IIW 发布的疲劳设计指导规程，焊接构造细节的 S-N 曲线如图 2.14（d）所示，疲劳等级对应如表 2.6 所示。每个疲劳强度曲线都是依据 S-N 曲线公式计算当疲劳寿命 $N = 2 \times 10^6$ 次时对应的名义应力幅（MPa），该值为疲劳等级，用 FAT 表示。$N < 10^7$ 范围内的疲劳强度曲线的斜率 $m = 3$。IIW 疲劳强度曲线在 10^7 次循环周期有拐点，这是新发布的疲劳设计指导规程，它重新定义了疲劳寿命 $N > 10^7$（高周疲劳）时的疲劳强度。

2.4.2　两类焊接构造细节与 IIW 相似构造细节疲劳强度对比

参照国际焊接协会 IIW 发布的疲劳设计指导规程中与本试验采用的两类焊接构造细节相似的构造细节疲劳强度值描述如表 2.7 所示。

表 2.7　　　　　　　　　　　　**焊接构造细节疲劳强度值**

编号	构造细节	描　　述	FAT 钢材	FAT 铝材
216		横向对接焊缝焊接，无垫板，完全熔透焊		
		无损检测根部	71	28
		未进行无损检测	36	12

续表

编号	构造细节	描　　述	FAT 钢材	FAT 铝材
415		十字形接头、T 形接头，单面弧焊或激光束焊接 V 形坡口焊，完全熔透焊，无层状撕裂，偏差 $e<0.15t$，焊趾裂纹（根部检查）	71	25
		如果未检查根部，则根部开裂	36	12

对照表 2.7，经无损检测的 PB 试件对应国际焊接协会 IIW 发布的焊接构造细节编号为 216，钢材的疲劳强度值为 FAT71；CLG 试件对应国际焊接协会 IIW 发布的焊接构造细节编号为 415，于焊趾处萌生裂纹的 CLG 试件对应的疲劳强度为 FAT71，而焊根处萌生裂纹的 CLG 试件对应的疲劳强度为 FAT36。

将本试验中两类焊材试件疲劳强度数据与 IIW 中相似的疲劳细节类型进行对比，试验疲劳数据拟合结果及其对应的 IIW 疲劳强度曲线绘于图 2.15 中，纵轴为名义应力变程，横轴为疲劳寿命，均是参照 IIW 中焊接构造细节的 S-N 曲线图绘制。图 2.15（a）（b）中实线为 FAT71 的疲劳强度曲线，图 2.15（c）中实线为 FAT36 的疲劳强度曲线，各图中虚线均为高周疲劳寿命 S-N 曲线在低周疲劳范围内的预测值，点画线为疲劳测试数据的拟合曲线。

对比分析图 2.15 可以看出：

（1）对于 PB 试件及裂纹萌生于焊趾处的 CLG 试件，在低周及超低周疲劳范围内（$N<10^4$），其疲劳测试数据（图 2.15（a）中的圆点，（b）中的星号）的拟合曲线均明显偏离高周疲劳寿命 S-N 曲线在低周疲劳范围内的预测值，表现出更低的疲劳寿命；

（2）对于焊根处萌生裂纹的 CLG 试件，在超低周疲劳范围内（$N<10^2$），疲劳测试数据（图 2.15（c）中的三角形）偏于高周疲劳寿命 S-N 曲线一侧，但是其在低周疲劳范围内（$N=10^2\sim10^4$）的疲劳强度与高周疲劳寿命曲线在低周疲劳范围内预测的强度值非常接近。

上述分析说明：对焊接构造细节的超低周疲劳设计，当采用国际焊接协会 IIW 建议的 S-N 曲线进行疲劳强度评估时，相当于高估了焊接构造细节的抗力。

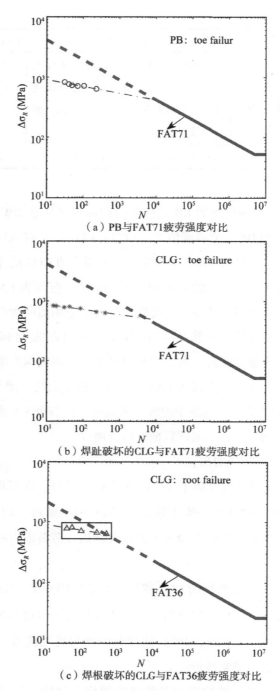

（a）PB与FAT71疲劳强度对比

（b）焊趾破坏的CLG与FAT71疲劳强度对比

（c）焊根破坏的CLG与FAT36疲劳强度对比

图 2.15　试件疲劳强度与疲劳细节类型对比

2.4.3 焊接构造细节的损伤机理分析

根据 Kuroda 等（2002）对 S20C 低碳素钢的超低周疲劳试验研究结果，如图 2.16 所示，在超低周疲劳范围内，疲劳试验数据偏离疲劳设计 S-N 曲线，表现出更低的疲劳寿命。这一试验结果与本次焊接构造细节缩尺试件的试验结果相同。通过对试件疲劳破坏形态的分析表明，试件的超低周疲劳破坏主要为材料内部的损伤劣化，表现出典型的延性损伤破坏。也就是说，超低周加载条件下，材料的损伤破坏主要包括材料延性损伤和循环加载引起的疲劳损伤两个方面共同作用。

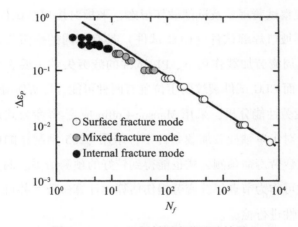

图 2.16　Kuroda 超低周疲劳试验结果

Tateishi 等（2007）开展了超低周加载条件下焊接平板试件的疲劳破坏试验，研究认为超低周疲劳损伤模型应考虑延性损伤和循环疲劳损伤两部分的共同作用。

相比于低周和超低周疲劳加载，高周疲劳加载条件下的材料以弹性变形为主，不产生延性损伤，其疲劳损伤较低，因此高周疲劳加载条件下焊接构造细节试件的抗力明显高于低周和超低周疲劳加载条件下引起的抗力，由此呈现出疲劳试验数据偏离疲劳设计 S-N 曲线并偏向抗力较低一侧的现象，试验结果如图 2.15 所示。

超低周加载条件下的每一个循环周次，在材料内部都会产生延性损伤和循环疲劳损伤，它们共同作用、相互影响，无法严格区分开来，因此，在对焊接节点的超低周疲劳问题研究中，仍采用传统的疲劳损伤分析方法。

2.5　本章小结

本章结合钢框架梁柱焊接节点焊接构造细节特点，以 Q235 钢为材料选取两类焊接构造细节进行单轴低周疲劳试验研究，试验以恒定应变幅控制，设计 6 个工况。讨论了两类焊接构造细节的循环性能、疲劳性能、疲劳强度及超低周疲劳损伤破坏机理。研究得出以下结论：

（1）通过观察试验现象及试件破坏形态，平板对接焊接试件（PB 试件）与十字形承载 V 形坡口焊缝试件（CLG 试件）具有不同的疲劳失效模式。在恒定应变幅控制的低周疲劳加载作用下，PB 试件的疲劳失效主要表现为焊趾处的裂纹萌生并扩展；而 CLG 试件裂纹萌生位置有两种可能，即焊趾处和焊根处。

（2）通过疲劳性能分析，采用 Manson-Coffin 应变-寿命公式进行疲劳寿命预测的结果显示，对于单轴疲劳加载条件下，采用 Q235 钢制作的两类焊接构造细节试件，应用该疲劳寿命预测公式也能得到较好的预测结果。两类焊接构造细节的疲劳性能参数可作为节点焊缝疲劳损伤估算的计算参数，并可对两种不同疲劳性能参数的适用性进行检验。

（3）在单轴低周疲劳加载条件下，平板对接焊接试件（PB 试件）与十字形承载 V 形坡口焊缝试件（CLG 试件）的低周疲劳强度比较接近。

（4）目前各国（协会）已发布的疲劳设计指导规程多数明确指出其不适用于应变控制的低周疲劳范畴的抗疲劳设计。本试验也说明了这一点，即采用疲劳设计规程 IIW 的疲劳强度曲线预测焊接构造细节在低周范围内的疲劳强度，并将其与疲劳试验数据拟合曲线进行对比，分析得出：焊接试件的疲劳测试数据明显偏离高周疲劳寿命 S-N 曲线在低周疲劳范围内的预测值，疲劳强度下降，表现出更低的疲劳寿命。因此，焊接构造细节的低周和超低周疲劳强度有待进一步深入系统研究。

（5）通过焊接构造细节的损伤破坏机理分析，研究表明：超低周循环加载条件下，焊接构造细节的超低周疲劳损伤主要表现为材料的延性损伤劣化和循环疲劳损伤共同作用。由于在每一个加载循环中，二者相互影响，无法严格区分，因此仍采用传统的疲劳损伤分析方法进行焊接节点的超低周疲劳问题研究。

第3章 梁柱节点焊缝疲劳裂纹萌生与扩展试验及其规律研究

在美国 Northridge 地震、日本 Kobe 地震和中国台湾"921"大地震中，钢框架梁柱焊接节点发生了超低周疲劳脆断现象。震害调查指出，钢结构建筑的抗震性能并未能达到设计预期，强震下钢结构节点局部构造细节出现超低周疲劳破坏现象。钢框架焊接节点的脆性断裂破坏显示出现行设计规范的不尽合理，反映了人们对钢框架梁柱焊接节点焊缝裂纹萌生及断裂机理认识不足及对断裂预防困惑的现状。地震发生后，各国土木工程界对工字钢柱-工字钢梁节点的抗震性能展开了大量的试验和理论研究，迄今已取得比较系统、丰富的研究成果，而对工程上常规采用的箱形柱-工字形钢梁节点的相关研究却鲜有报道。

通过现有的试验研究资料和实际震害调查显示，箱形柱-工字形钢梁焊接节点的焊缝区，由于焊接材料不连续、几何突变、焊接残余应力、焊接工艺等多方面的因素，梁翼缘焊缝局部具有明显的应力集中现象，导致了箱形柱-工字形钢梁焊接节点在梁翼缘与柱翼缘对接焊缝处极易发生裂纹萌生并扩展，最终导致结构的断裂失效。尽管目前有关于箱形柱-工字形梁焊接节点研究成果的报道，但这些研究主要集中在基于结构构件层面的强震作用下节点抗震性能研究和损伤退化研究，普遍缺失节点局部焊缝裂纹萌生或断裂的破坏特征分析及焊缝裂纹萌生量化判据，同时缺乏箱形柱节点焊缝局部弹塑性应变响应试验数据，给梁柱节点局部细节的疲劳损伤评估工作带来了一定的困难。

本章研究了箱形柱-工字形梁柱节点区焊缝裂纹萌生及扩展的破坏特征及损伤演化规律，并为焊接节点易损位置的疲劳损伤评估提供局部弹塑性应变响应数据，本章的主要研究内容为：

（1）对 3 个大尺寸箱形柱-工字形梁全焊接节点试件进行了同步反向的低周循环往复加载试验；

（2）通过观察节点试件在循环加载过程中裂纹萌生位置及扩展走势，总结裂纹萌生及扩展规律、分析节点焊缝区的疲劳失效模式；

（3）通过梁自由端荷载与节点焊缝裂纹萌生时刻的循环作用次数之间的关系，建立了关于箱形柱-工字形梁的裂纹萌生初步判据，并进行了节点破坏机制分析；

（4）研究了节点分别在沿梁翼缘横向和纵向两个方向上的应变分布规律，并将应变横向分布结果与 H 形柱节点的应变变化趋势进行对比，分析了二者之间的差异及其产生原因。

3.1　试验设计

3.1.1　试件设计及加工

本试验设计 3 个十字形梁柱焊接节点，选取梁与柱反弯点间的部分进行试验，考虑到试验条件的实际情况，并结合我国钢结构设计规范及抗震设计规范，对节点抗震承载力、节点域屈服承载力和节点域稳定性等进行验算符合要求后，确定箱形柱-工字形梁柱节点试件的尺寸如下：柱为箱形截面，尺寸为 300×300×16×16（单位：mm），柱高 2m；梁为工字形截面，尺寸为 250×150×8×10（单位：mm），梁长为 1.35m，梁柱连接采用全焊连接形式，焊缝形状按照国建建筑设计标准图集《多、高层民用建筑钢结构节点构造详图》（01SG519）确定，梁柱焊接节点试件设计图如图 3.1 所示。

节点试件加工时，先按梁柱节点试件设计图尺寸将钢板进行切割，然后进行焊接，梁翼缘与柱翼缘连接的焊缝采用全熔透坡口焊接，采用 GB/T8110—2008 ER50-6 气体保护焊丝，梁柱焊接完成后，请专业检测人员采用数字超声波探伤仪进行焊缝加工质量检测，评定焊缝等级为 I 级。

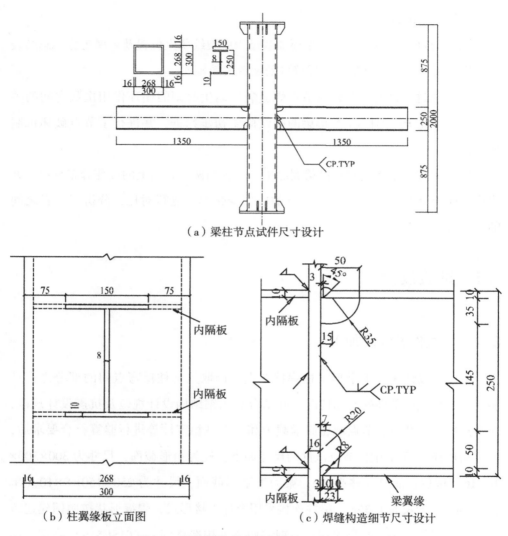

（a）梁柱节点试件尺寸设计

（b）柱翼缘板立面图　　　　　　（c）焊缝构造细节尺寸设计

图 3.1　梁柱焊接节点试件设计（单位：mm）

　　柱两端通过设置加劲肋与 20mm 厚钢板焊接连接，立面图如图 3.1（a）所示，柱端与加劲肋的平面图及加劲肋尺寸如图 3.2 所示。

　　本试验采用 Q235 钢，用于制作节点试件的不同厚度钢材的化学成分及拉伸试验的力学性能参数如表 3.1 所示。

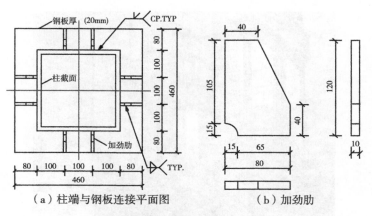

（a）柱端与钢板连接平面图　　　（b）加劲肋

图 3.2　柱端连接图（单位：mm）

表 3.1　　　　　　　　Q235 钢的化学成分及单调力学性能参数

厚度 (mm)	化学成分（%）					拉伸试验结果		
	C	Si	Mn	P	S	屈服强度（MPa）	抗拉强度（MPa）	伸长率（%）
16	0.15	0.29	1.02	0.02	0.011	328	469	32
10	0.15	0.19	0.48	0.014	0.008	334	426	32
8	0.16	0.17	0.48	0.018	0.007	387	448	33

3.1.2　试验仪器设备

本试验在华中科技大学控制结构湖北省重点实验室进行。试验装置如图 3.3 所示，节点试件的柱顶、柱底均采用球铰连接，以实现理想铰接边界条件，并在柱顶设置支撑防止面外位移，箱形柱柱底通过"穿靴"方式与球铰支座连接，该基座通过基础钢梁与东侧反力架相连。节点东西两侧梁端部位利用对穿螺栓将梁与 MTS 液压伺服作动器底板相连，转动中心在梁轴线上，并在作动器南侧与北侧设置支撑，该支撑通过小型钢梁与柱顶固定支撑焊接连接，保证加载装置的稳定，防止侧向失稳。

图 3.3　节点试验装置

为便于试验描述，将梁的上、下翼缘焊缝区所在方位的英文首字母，简写表示方法如表 3.2 所示。

表 3.2　　　　　　　　　　　　　焊缝位置英文简写

焊缝位置	描述	焊缝位置	描述
西南下翼缘	SWB	东南下翼缘	SEB
西南上翼缘	SWT	东南上翼缘	SET
西北下翼缘	NWB	东北下翼缘	NEB
西北上翼缘	NWT	东北上翼缘	NET

本试验采用 DH5956 动态信号测试分析采集系统连接笔记本电脑，实时读取并显示两侧梁自由端荷载及加载点位移数据，DH5956 动态信号测试分析采集系统如图 3.4（a）所示。试验采集的应变数据共有 80 个通道，通过多台 JM3812 多功能静态应变仪数据采集系统采集数据，如图 3.4（b）所示，静态应变仪数据采集系统通过与笔记本电脑连接显示并保存应变数据，应变计采用三线制连接方式。

(a) DH5956动态信号测试分析采集系统　　　(b) JM3812多功能静态应变仪

图 3.4　试验数据采集仪器

　　试验过程中采用 200 倍超高清电子显微镜观察梁柱焊接连接处出现的小裂纹，如图 3.5 所示。

图 3.5　试验用电子显微镜

3.1.3　试验工况及加载制度

　　为确定合理的试验加载工况，在正式进行试验之前采用 ABAQUS 有限元分析软件对箱形柱-工字形十字形节点实体模型进行了数值模拟分析，节点的实体有限元模型如图 3.6 所示。

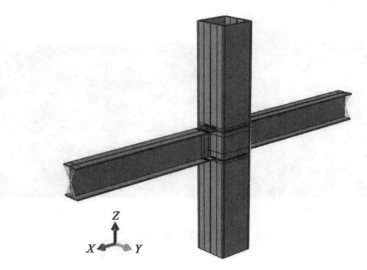

图 3.6　钢框架箱形柱节点实体模型

为近似模拟低周往复循环作用，本书拟在梁自由端采用位移控制加载，而加载的位移值大小要求满足在加载条件下，梁柱连接焊缝区处于塑性阶段。为此，先拟定位移初始值为 10mm，以后每循环两周，位移增加 2mm，通过荷载位移曲线关系得知，在位移为 12mm 时，荷载-位移曲线出现拐点，在此位移之前，曲线呈线性变化，而在曲线出现拐点之后，曲线增长斜率减小，由此可知，12mm 位移为节点的屈服位移值，对应此时的节点焊缝区 Mises 等效应力分布云图如图 3.7 所示。从图中可以看出，模型分析至 $t = 2.141s$ 时刻，梁上、下翼缘的焊根处 Mises 应力最大，应力值为 255.2MPa，大于材料单调拉伸力学性能试验结果（表 2.3）的屈服强度值，表明该位置处于塑性变形阶段。

为进一步验证结果的正确性，本书对本课题组前期有限元分析工作进行了重分析，拟定加载工况均为恒定位移幅加载，如图 3.8 所示，提取各加载工况下梁端最大反力列入表 3.3。

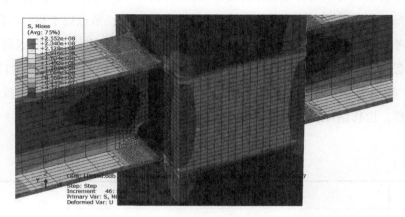

图 3.7　Mises 应力云图

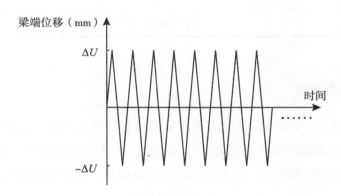

图 3.8　加载制度

表 3.3　　　　　　　　　　　加载工况及梁端最大反力

工况	梁端位移幅值 ΔU（mm）	正向力（kN）	反向力（kN）
1	10	65.04	−62.58
2	12.5	73.81	−73.55
3	15	80.01	−80.55
4	17.5	85.55	−82.61
5	20	90.49	−91.34

重分析结果与前期有限元分析结果大致相同，梁端反力呈现的规律也说明了当位移幅值大于 12mm，梁端反力增大的速度趋于平缓，节点处于塑性阶段。

参考有限元分析结果，为了模拟强震下钢框架梁柱焊接节点焊缝区处于塑性受力状态的特点，本试验加载时，首先通过柱顶千斤顶向试件施加轴压力 400kN，相当于柱全截面屈服压力的 30%。然后，通过梁端作动器同步反向施加往复位移，位移循环幅值大于屈服位移值，工况设计的梁端位移值见表 3.4。

表 3.4　　　　　　　　　　　　　　加 载 工 况

工况	梁端位移值 ΔU（mm）
1	$\pm15 \rightarrow \pm17 \rightarrow \pm20 \rightarrow \pm21 \rightarrow \pm22 \rightarrow \pm23 \rightarrow \pm25 \rightarrow \pm27$
2	±17
3	$\pm14 \rightarrow \pm16 \rightarrow \pm18 \rightarrow \pm20$

3.1.4　测点布置

根据有限元计算的 Mises 应力分布云图可知，当节点进入屈服阶段后，梁上（下）翼缘两端的焊根单元最先进入屈服，并且其等效塑性应变值超过了材料单调拉伸下的屈服应变，成为疲劳破坏的危险点，本次试验将焊根处作为主要测点。

为了测得梁上、下翼缘两端焊根的 6 个应变响应，即 ε_{xx}、ε_{yy}、ε_{zz}、γ_{xy}、γ_{yz}、γ_{xz}，以备后期进行疲劳损伤评估分析，根据李顺群等人申请的专利 [117] 及参考文献 [118][119]，结合弹性力学知识，分别在梁柱连接的上翼缘及下翼缘焊缝处均沿着空间 X-Y-Z 坐标平面贴 45°应变花，即梁翼缘厚度方向所在平面（X-Z 平面）、梁翼缘宽度方向所在平面（X-Y 平面）、柱翼缘与焊缝交汇所在平面（Y-Z 平面）。

对于平面应变问题，一点的应变状态可以用两个正应变和一个剪应变来表示。对于三维问题，物体内任意一点的应变状态可以用 3 个正应变和 3 个剪应变表示，如图 3.9 所示。

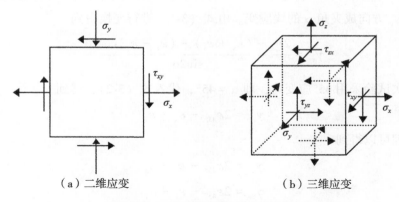

（a）二维应变　　　　　　　　（b）三维应变

图 3.9　一点应变状态的表示方法

电测中，剪应变不易直接测量，因此通常需要 3 个应变片，测定 3 个选定方向上的线应变，再根据应变分量之间的关系求得一点的应变状态。常用的是直角应变花（45°应变花）、等角应变花（60°应变花）和钝角应变花三种形式，如图 3.10 所示。

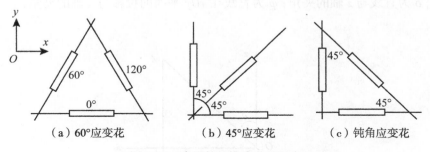

（a）60°应变花　　　　　（b）45°应变花　　　　　（c）钝角应变花

图 3.10　常用的二维应变花形式

物体内一点的三维应变状态由 6 个应变分量来描述，也就是说，要测得一点的三维应变状态至少需要在 6 个不同方向上贴应变片。当已知 xOy 平面内两个正交方向的正应变和对应的剪应变时，可以通过式（3-1）计算平面内任意一个方向的线应变：

$$\varepsilon_\alpha = \frac{\varepsilon_x + \varepsilon_y}{2} + \frac{\varepsilon_x - \varepsilon_y}{2}\cos2\alpha + \frac{\gamma_{xy}}{2}\sin2\alpha \tag{3-1}$$

式中, ε_x、ε_y 分别表示平面内两个正交方向的正应变; γ_{xy} 表示对应的剪应变; ε_α 表示与 ε_x 方向成夹角 α 的线应变。由式 (3-1) 进行变换得到

$$\gamma_{xy} = \frac{2\varepsilon_\alpha - (\varepsilon_x + \varepsilon_y) - (\varepsilon_x - \varepsilon_y)\cos2\alpha}{\sin2\alpha} \tag{3-2}$$

本次试验采用 45° 应变花, 即 $\alpha = 45°$, 代入式 (3-2), 得到

$$\gamma_{xy} = 2\varepsilon_{45°} - \varepsilon_x - \varepsilon_y \tag{3-3}$$

同理可以得到

$$\gamma_{yz} = 2\varepsilon_{45°} - \varepsilon_y - \varepsilon_z \tag{3-4}$$

$$\gamma_{zx} = 2\varepsilon_{45°} - \varepsilon_z - \varepsilon_x \tag{3-5}$$

这样就可以很方便地得到一点的三维应变状态。为不失一般性, 考虑三维空间中一条直线 OA, 如图 3.11 所示。根据弹性力学可知, 该直线在 x、y、z 方向的方向余弦 l、m、n 分别为

$$l = \sin\delta\cos\varphi \tag{3-6}$$

$$m = \sin\delta\sin\varphi \tag{3-7}$$

$$n = \cos\delta \tag{3-8}$$

式中, δ 为直线与 z 轴的夹角; φ 为直线在 xOy 平面的投影与 x 轴的夹角。

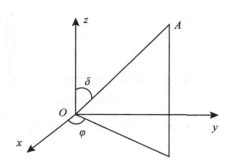

图 3.11　应变片轴线在三维空间中的方向余弦

若已知一点的应变状态 $\varepsilon_j = \{\varepsilon_x,\ \varepsilon_y,\ \varepsilon_z,\ \varepsilon_{xy},\ \varepsilon_{yz},\ \varepsilon_{zx}\}$, 则 OA 方向的线应变可以表示为

$$\varepsilon = l^2\varepsilon_x + m^2\varepsilon_y + n^2\varepsilon_z + lm\varepsilon_{xy} + mn\varepsilon_{yz} + nl\varepsilon_{zx} \tag{3-9}$$

由式（3-9）可知，已知一点的应变状态，可以得到任意方向的线应变。也就是说，如果已知 6 个不同方向的线应变，可以根据上式联立方程计算得到常规应变状态。结合本试验布置应变花的位置，给定 6 个不同方向的线应变进行编号，这 6 个方向按顺序分别为平行 X 轴方向、平行 Y 轴方向、平行 Z 轴方向、X-Y 平面的 45°方向、Y-Z 平面的 45°方向和 X-Z 平面的 45°方向，线应变表示为

$$\varepsilon_i = l_i{}^2 \varepsilon_x + m_i{}^2 \varepsilon_y + n_i{}^2 \varepsilon_z + l_i m_i \varepsilon_{xy} + m_i n_i \varepsilon_{yz} + n_i l_i \varepsilon_{zx} \tag{3-10}$$

式中，$i = 1，2，3，4，5，6$。由一般应变状态到不同方向线应变的映射关系为

$$\begin{Bmatrix} \varepsilon_1 \\ \varepsilon_2 \\ \varepsilon_3 \\ \varepsilon_4 \\ \varepsilon_5 \\ \varepsilon_6 \end{Bmatrix} = \begin{Bmatrix} l_1^2 & m_1^2 & n_1^2 & l_1 m_1 & m_1 n_1 & n_1 l_1 \\ l_2^2 & m_2^2 & n_2^2 & l_2 m_2 & m_2 n_2 & n_2 l_2 \\ l_3^2 & m_3^2 & n_3^2 & l_3 m_3 & m_3 n_3 & n_3 l_3 \\ l_4^2 & m_4^2 & n_4^2 & l_4 m_4 & m_4 n_4 & n_4 l_4 \\ l_5^2 & m_5^2 & n_5^2 & l_5 m_5 & m_5 n_5 & n_5 l_5 \\ l_6^2 & m_6^2 & n_6^2 & l_6 m_6 & m_6 n_6 & n_6 l_6 \end{Bmatrix} \begin{Bmatrix} \varepsilon_x \\ \varepsilon_y \\ \varepsilon_z \\ \varepsilon_{xy} \\ \varepsilon_{yz} \\ \varepsilon_{zx} \end{Bmatrix} \tag{3-11}$$

上式简写为

$$\{\varepsilon_i\} = T\{\varepsilon_j\} \tag{3-12}$$

式中，$j = x，y，z，xy，yz，zx$；$\varepsilon_i = \{\varepsilon_1，\varepsilon_2，\varepsilon_3，\varepsilon_4，\varepsilon_5，\varepsilon_6\}$；且有

$$T = \begin{Bmatrix} l_1^2 & m_1^2 & n_1^2 & l_1 m_1 & m_1 n_1 & n_1 l_1 \\ l_2^2 & m_2^2 & n_2^2 & l_2 m_2 & m_2 n_2 & n_2 l_2 \\ l_3^2 & m_3^2 & n_3^2 & l_3 m_3 & m_3 n_3 & n_3 l_3 \\ l_4^2 & m_4^2 & n_4^2 & l_4 m_4 & m_4 n_4 & n_4 l_4 \\ l_5^2 & m_5^2 & n_5^2 & l_5 m_5 & m_5 n_5 & n_5 l_5 \\ l_6^2 & m_6^2 & n_6^2 & l_6 m_6 & m_6 n_6 & n_6 l_6 \end{Bmatrix} \tag{3-13}$$

根据式（3-12）得到

$$\{\varepsilon_j\} = T^{-1}\{\varepsilon_i\} \tag{3-14}$$

对于本试验采用的应变花布置形式，各应变片的方向余弦如表 3.5 所示。

表 3.5   六个不同方向应变片的方向余弦

应变片	$\delta\ (°)$	$\varphi\ (°)$	l	m	n
1	90	0	1	0	0
2	90	90	0	1	0
3	0	90	0	0	1
4	90	45	0.7071	0.7071	0
5	45	90	0	0.7071	0.7071
6	45	0	0.7071	0	0.7071

由式（3-13）可得

$$
T = \begin{Bmatrix}
1 & 0 & 0 & 0 & 0 & 0 \\
0 & 1 & 0 & 0 & 0 & 0 \\
0 & 0 & 1 & 0 & 0 & 0 \\
0.5 & 0.5 & 0 & 0.5 & 0 & 0 \\
0 & 0.5 & 0.5 & 0 & 0.5 & 0 \\
0.5 & 0 & 0.5 & 0 & 0 & 0.5
\end{Bmatrix}
\tag{3-15}
$$

则容易求得

$$
T^{-1} = \begin{Bmatrix}
1 & 0 & 0 & 0 & 0 & 0 \\
0 & 1 & 0 & 0 & 0 & 0 \\
0 & 0 & 1 & 0 & 0 & 0 \\
-1 & -1 & 0 & 2 & 0 & 0 \\
0 & -1 & -1 & 0 & 2 & 0 \\
-1 & 0 & -1 & 0 & 0 & 2
\end{Bmatrix}
\tag{3-16}
$$

将式（3-16）代入式（3-14），得到的正剪应变计算结果与式（3-3）～式（3-5）完全一致。由此可知，用直角应变花（45°应变花）测试结果表示空间一点的三维应变状态，有两个方法：

（1）3 个直角方向的线应变与式（3-3）～式（3-5）计算得到的 3 个剪应变构成该点的应变状态；

（2）用式（3-14）表示该点的应变状态。

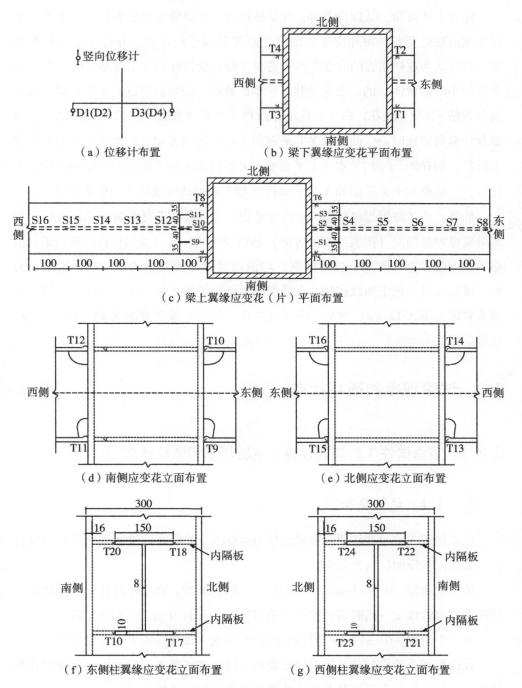

图 3.12　位移计及应变花（片）布置图

综合上述可知，从理论上讲，在梁柱焊接节点焊缝区焊根表面的 3 个不同坐标平面内贴应变花，每片应变花的交汇点都共同指向焊根，并且应变花相距很近，可以认为这样布置的应变花测得的应变经过变换计算结果就是空间一点（或者说较小的单元体）的三维应变状态。本试验中，在焊根附近的 3 个不同坐标平面分别贴了 45°应变花，在 3 个直角方向均有两组应变数据，后期进行试验数据处理计算剪应变时，ε_{xx} 的值取 X-Y 平面和 X-Z 平面内 X 轴方向的线应变的平均值来计算，同样的，ε_{yy} 的值取 X-Y 平面和 Y-Z 平面内 Y 轴方向的线应变的平均值来计算，ε_{zz} 的值取 Y-Z 平面和 X-Z 平面内 X 轴方向的线应变的平均值来计算。

此外，为了测得焊缝热影响区应变数据，本试验在沿梁纵向（梁长方向）和沿梁翼缘焊缝横向（梁翼缘宽度方向）粘贴应变片，并且采用位移计测量梁自由端的竖向位移，每侧 2 个位移计取平均值以消除可能存在的试件扭转影响。另外，试验人员为便于加载控制，在梁两端还增设了激光位移计。试件的位移计立面布置图如图 3.12（a）所示，应变（片花）测点布置图如图 3.12（b）~（g）所示。

3.2 试验现象和破坏状态

3.2.1 节点试件 1 的加载过程、试验现象和破坏状态

3.2.1.1 试验现象

正式加载之前，在柱顶施加轴向压力 400kN，然后在试件 1 东、西两侧梁自由端采用同步反向位移控制加载。

第一个阶段，0~±15mm 位移循环大约进行 30 次，加载循环几周后，梁柱焊接连接焊缝处漆皮开始脱落，伴有"咯吱"声，试件开始进入塑性阶段。

第二个阶段，0~±17mm 位移循环进行 20 次，试件表面发出漆皮剥落声。

在这前两个阶段加载过程中频繁观察焊缝区破坏现象，但未能成功观察到裂纹萌生，使人误以为焊接节点焊缝处没有发生任何疲劳破坏现象。

第三个阶段，当加载点位移进入 0~±20mm 首次循环中，梁发出较密集的

漆皮剥落声，观察到节点东边下翼缘焊缝的焊趾处漆皮出现崩裂；当位移进入 0～±20mm 一个半循环时，西北上翼缘（NWT）可通过肉眼观察到焊趾处出现长约 2mm 的裂纹；试验按位移±20mm 继续加载，焊趾处主裂纹周围出现多条小裂纹，通过电子显微镜观察到的小裂纹如图 3.13 所示，这些裂纹长度和宽度均不相等，且裂纹看似平滑、连续，但实际上弯曲、间断，形似树皮纹理。加载继续进行约 30 个循环，西南上翼缘（SWT）焊趾处裂纹与西北上翼缘（NWT）焊趾处裂纹由梁翼缘端部向翼缘宽度中心方向扩展，裂纹几近贯通，试验过程中可观察到上翼缘端部焊趾处裂纹宽度明显增加。

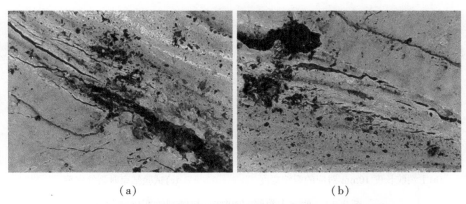

（a） （b）

图 3.13 西南上翼缘（SWT）焊趾裂纹扩展为多条裂纹

而后，试验按位移 0～±21mm、0～±22mm、0～±23mm、0～±25mm、0～±27mm 各循环 5 次，观察到西边上翼缘焊趾处裂纹全部贯通，并且梁翼缘端部焊趾处的裂纹宽度逐渐增大，试验即停止加载。

为了探讨焊趾处裂纹宽度前后形态变化，将钢直尺量取焊趾处主裂纹长度为 10mm 时对应的裂纹宽度与试验加载至最后一个循环时的裂纹宽度进行对比。前者裂纹宽度为 0.389mm，如图 3.14（a）（b）所示，后者裂纹宽度增至 1.116mm，如图 3.14（c）所示。

3.2.1.2 破坏状态分析

试验结束，将屏蔽线撤除，并将贴于焊根处的应变花刮除部分后发现，NWT

(a)西北上翼缘（NWT）焊趾主裂纹长度增至 10mm

(b)主裂纹长度 10mm 对应的裂纹宽度

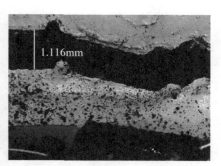

(c)试验结束时裂纹宽度

图 3.14　西北上翼缘（NWT）焊趾裂纹宽度变化

及 SWT 焊根处有明显裂纹与焊趾裂纹连通，焊根裂纹宽度明显大于焊趾处裂纹宽度（如图 3.15 所示为 NWT 裂纹全貌）。东边下翼缘南侧及北侧焊根裂纹也是在试验结束后才观察到，如图 3.16 所示，不同于 NWT 和 SWT 的是，加载过程中该处焊根裂纹增长较慢，没有扩展至焊趾而被忽视。

　　试验观察到，焊根裂纹宽度明显大于焊趾处裂纹宽度，由此可推断：在往复循环加载条件下，焊根裂纹先于焊趾裂纹产生，并随着加载继续进行，焊缝区的焊根处累积损伤逐渐增加，导致先起裂的焊根裂纹宽度增大，并且大于后起裂的焊趾裂纹宽度。

　　试验过程中未能及时观察到梁柱焊接连接处焊根裂纹萌生，究其原因，是贴于焊根附近的 X-Z 和 Y-Z 坐标平面的应变花靠得太近，加上后期应变花端子连接屏蔽线，完全遮住了焊根裂纹乃至沿着梁翼缘厚度延伸的裂纹，导致试验进行中

（a）NWT 裂纹全景   （b）NWT 裂纹近景

图 3.15　西北上翼缘（NWT）焊根裂纹

（a）东南下翼缘（SEB）裂纹近景　（b）东北下翼缘（NEB）裂纹近景

图 3.16　东边下翼缘焊根裂纹

的误判。虽然没有成功地及时观察到裂纹萌生及扩展的现象，但试验结果表明：
初始加载的位移幅 0~±15mm 阶段，节点焊缝区漆皮脱落，并伴有咯吱声，说明节点进入了塑性屈服阶段，位移幅值 15mm 大于节点的屈服位移，这与前期有限元分析计算结果吻合。

3.2.2　节点试件 2 的加载过程、试验现象和破坏状态

3.2.2.1　试验现象

鉴于节点试件 1 试验过程反馈出来的问题，对试件 2，在粘贴焊根附近应变花时考虑了合适的间距，为使拍摄效果更好，梁柱连接焊缝区不再喷漆。节点试件 2 全程按恒定位移幅 0~±17mm 位移循环加载，共循环加载 100 次。

在 0~±17mm 位移循环过程中，开始加载循环几周，便可听到梁发出"咯吱"声。当循环加载至大约 8 周时，西北下翼缘（NWB）焊根处萌生微小裂纹。

当循环加载至第 51 周时，西北下翼缘（NWB）焊根处裂纹在翼缘厚度方向已贯通，如图 3.17（a）所示。此时，还观察到西南下翼缘（SWB）焊根处出现较长裂纹，大约 10mm（如图 3.17（b）），西北上翼缘（NWT）也出现 3mm 小裂纹。

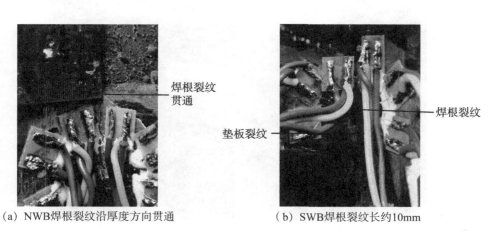

（a）NWB焊根裂纹沿厚度方向贯通　　　　　（b）SWB焊根裂纹长约10mm

图 3.17　循环至第 51 周时西边下翼缘焊根裂纹

在循环至第 68 周时，试件发出较大的裂缝开裂声，观察发现西边南、北两侧下翼缘焊缝裂纹开始沿焊趾处扩展。图 3.18 所示是西北下翼缘 NWB 焊根裂纹沿焊趾处扩展的图片，长度约为 5mm，与图 3.17（a）对比，裂纹宽度并未见明

显增加。

图 3.18 循环至第 68 周时 NWB 焊根裂纹沿焊趾扩展

循环至第 74 周时，发现东南下翼缘 SEB 焊根新增约 5mm 长裂纹。

循环至第 77 周时，NWB 焊根附近裂纹宽度有所增加，而焊趾裂纹长度增加非常明显，由 68 周时的 5mm（图 3.18）增至 14.28mm（图 3.19 中所标示长度累加值）。

试验加载累计 100 个循环时，采用钢直尺量测 NWB 焊趾裂纹扩展至大约 20mm，电子显微镜测得焊根裂纹宽度最大值 1.462mm，如图 3.20 所示。而西边下翼缘另一侧 SWB 焊趾裂纹增长不太明显，试验停止加载。

3.2.2.2 破坏状态分析

试验结束后，将焊根附近同一位置 A 点裂纹宽度在第 51 周、第 77 周、第 100 周的增长情况进行对比，如图 3.21（a）~（c）所示，裂纹宽度分别为 0.317mm、0.567mm、0.892mm。

对比第 51 周到第 77 周的裂纹宽度增量可以看出，裂纹经历 26 个循环周次，宽度增量为 0.25mm；裂纹从第 77 周到第 100 周经历 23 个循环周次，宽度增量为 0.325mm。由此可见，在大位移循环加载条件下，焊缝裂纹出现后，随着加载

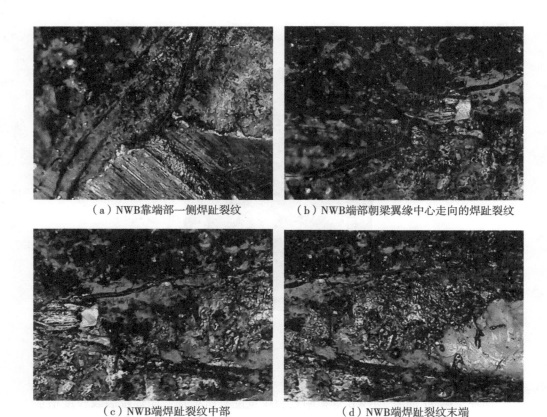

（a）NWB靠端部一侧焊趾裂纹   （b）NWB端部朝梁翼缘中心走向的焊趾裂纹

（c）NWB端焊趾裂纹中部   （d）NWB端焊趾裂纹末端

图 3.19 循环至第 77 周时 NWB 焊趾裂纹增长明显

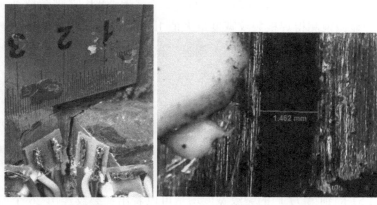

（a）焊趾裂纹长度   （b）焊根裂纹宽度最大值

图 3.20 循环至第 100 周 NWB 焊缝裂纹发展情况

（a）第51周NWB焊根附近A点裂纹宽度

（b）第77周NWB焊根附近A点裂纹宽度

（c）第100周NWB焊根附近A点裂纹宽度

图 3.21 同一位置不同循环周次裂纹宽度比较

时间增加，裂纹宽度增长速率是增大的。

节点试件 2 在 0～±17mm 位移循环加载过程中，观察到的东西两侧焊缝区破坏状态如下：

（1）梁西边南、北两侧下翼缘（NWB 和 SWB）于焊根处萌生裂纹，随后扩展至焊趾，裂纹增长较为明显。

（2）西北上翼缘（NWT）及东南下翼缘（SEB）在加载过程中虽观察到有裂纹萌生于焊根，但在加载过程中裂纹扩展速度比较缓慢，未见裂纹长度或宽度有明显增长。

（3）位移循环加载的初始几周，便可在节点焊缝区的焊根处观察到裂纹，说明该位移幅值大于节点的屈服位移值，属于大位移循环加载。

3.2.3　节点试件 3 的加载过程、试验现象和破坏状态

3.2.3.1　试验现象

节点试件 3 按变位移幅进行加载，四个阶段依次分别采用 0～±14mm、0～±16mm、0～±18mm、0～±20mm 位移循环。经统计，四个阶段的循环周次分别为 22 周、20 周、56 周、18 周，总共 116 个循环周次。

在第一个阶段 0～±14mm 位移循环加载的第 8 周，观察到西边南、北两侧下翼缘（SWB、NWB）垫板开裂，说明该位移也是大于节点的屈服位移值的。

第 22 周时西北上翼缘（NWT）和东北下翼缘（NEB）垫板处均可发现裂纹，且 NWT 裂纹长度比 NEB 裂纹长度稍长。

在 0～±16mm 位移循环过程中，进行到第 9 周（总循环周次的第 31 周）时，东北下翼缘（NEB）焊根比其他焊缝区较早地萌生裂纹，如图 3.22 所示。

进行到第 12 周，即总循环周次的第 34 周时，NEB 裂纹长度和宽度有所增加，长度增至 4.098mm，靠近焊根一侧的裂纹宽度增至 0.156mm，如图 3.23 所示，裂纹形似柳叶，在全长范围内宽度不一致，越靠近焊根的位置，即裂纹起源处，裂纹宽度越明显地大于后起裂的位置，这是由于循环加载引起的损伤累积程度不同导致的裂纹宽度不等。

而到第 14 周（总循环周次的第 36 周）时，最先观察到垫板开裂的西北下翼

图 3.22　循环至第 31 周时东北下翼缘（NEB）焊根裂纹萌生

（a）NEB 裂纹长度增加明显　　（b）NEB 裂纹宽度不均等

图 3.23　循环至第 34 周时东北下翼缘（NEB）裂纹形貌

缘（NWB）此时才开始在焊根处萌生裂纹，同时还观察到西南下翼缘（SWB）、东南上翼缘（SET）的焊根也出现了裂纹萌生现象。

0~±16mm 位移循环到第 16 周，即总循环周次的第 38 周时，西南下翼缘（SWB）焊根裂纹增长明显，裂纹形状不规则且裂纹宽度大小不一，如图 3.24 所标示长度，裂纹长度累计值为 5.957mm。对比东北下翼缘（NEB）裂纹长度，西南下翼缘（SWB）裂纹增长速度超过了率先在焊根处萌生裂纹的东北下翼缘（NEB）的裂纹增长速度。

（a）SWB 焊根裂纹上部　　　　　（b）SWB 焊根裂纹下部

图 3.24　循环至第 38 周时西南下翼缘（SWB）焊根裂纹增长明显

　　第三个阶段 0~±18mm 位移循环过程中，于第 7 周（总循环周次的第 49 周）时观察发现东南上翼缘 SET 焊根裂纹在翼缘厚度方向已贯通，裂纹朝焊趾方向扩展，如图 3.25 所示。

图 3.25　循环至第 49 周时东南上翼缘 SET 焊根裂纹贯通

　　加载循环至第 15 周（总循环周次的第 57 周），距裂纹刚刚扩展至焊趾时刻（总循环周次的第 49 周）仅仅 8 个循环周次，东南上翼缘 SET 焊趾裂纹增长显著，如图 3.26 所示，根据图中标示长度累加，焊趾裂纹总长 14.878mm。由此可见，节点一旦起裂，在大位移循环往复加载作用下，裂纹扩展愈发迅速。

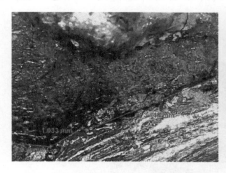 

（a）SET 靠翼缘端部一侧焊趾裂纹　　　（b）SET 沿梁翼缘中心扩展的焊趾裂纹

图 3.26　循环至第 57 周时东南上翼缘 SET 焊趾裂纹扩展

除裂纹长度增长明显以外，SET 焊根裂纹宽度较第 49 周时也有所增加，但在翼缘厚度方向不同位置宽度大小不等，如图 3.27 所示是显微镜拍摄下的裂纹形貌。由图可见，就翼缘厚度方向的裂纹宽度而言，下部裂纹相对于上部裂纹（靠近焊趾部位的裂纹）略小，这是因为在焊趾裂纹扩展的动态过程中，焊根裂纹的宽度受其影响而扩张，这种影响在较近一侧（图 3.27（a））明显于较远一侧（图 3.27（b））。

（a）SET 焊根裂纹上部（靠近焊趾位置）　　　（b）SET 焊根裂纹下部

图 3.27　循环至第 57 周时东南上翼缘 SET 焊根裂纹不同位置宽度变化情况

当循环至第 39 周（总循环周次的第 81 周）时，西南下翼缘 SWB 焊根裂纹沿梁翼缘宽度方向扩展的趋势也非常明显，但其裂纹扩展走向与其他焊缝位置不同，它并不是沿着焊趾处扩展，而是偏离焊趾沿着焊缝宽度中间处扩展，如图 3.28 所示。

图 3.28　循环至第 81 周时西南下翼缘 SWB 裂纹扩展走向

在 0～±18mm 位移循环的第 56 周，即总循环周次的第 98 周，通过观察各个焊缝区裂纹发展状态，发现东南上翼缘 SET 焊趾裂纹扩展最明显，用钢尺量测其直线长度约为 18mm，如图 3.29 所示，值得说明的是，该裂纹扩展过程经过的路线呈弯曲状，因此其实际长度远比钢直尺量测的直线长度要大得多，亦即焊趾裂纹实际长度大于 18mm。

在 0～±20mm 位移循环的第 7 周，即总循环周次的第 105 周，相比其他焊缝区的裂纹，东南上翼缘 SET 裂纹扩展速率最大，用钢尺量测其直线长度达23mm，如图 3.30 所示。此时，距总循环周次的第 98 周（对应钢直尺测得裂纹长度为 18mm）仅仅经历了 7 个循环，由此可见，大位移循环加载下裂纹增长之快。

图 3.29 循环至第 98 周时 SET 裂纹扩展情况

图 3.30 循环至第 105 周时 SET 裂纹扩展情况

在 0～±20mm 位移循环的第 11 周,即总循环周次的第 109 周,观察到西南下翼缘 SWB 扩展的裂纹走向发生改变,由原来偏离焊趾的位置逐渐向焊趾靠拢,并沿焊趾朝梁翼缘宽度中心方向延伸,如图 3.31 所示。

3.2.3.2 破坏状态分析

试验进行到 0～±20mm 位移循环的第 18 周结束,即总循环周次的 116 周,将屏蔽线全部撤除,观察各个焊缝位置的裂纹全貌,如图 3.32 所示。

从图 3.32 (a)(b) 东北下翼缘 NEB 裂纹形貌上可以看出,NEB、NET 与

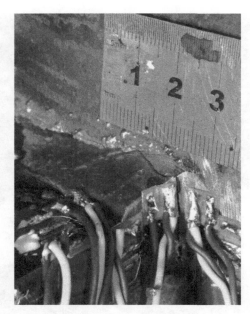

图 3.31　循环至第 109 周时 SWB 裂纹扩展走向改变

SWB 裂纹扩展走向相似，焊根裂纹在梁翼缘厚度方向贯通后，裂纹偏离焊趾，沿着焊缝宽度中间位置扩展，经过数次循环加载后，裂纹最终向焊趾靠拢，并朝着梁翼缘宽度中心方向继续发展。

　　节点试件 3 在变位移幅循环加载过程中，观察到东西两侧焊缝区破坏状态如下：

　　（1）试验结束时，SWB、SET、NET、NEB、NWT 裂纹由焊根萌生，并扩展至焊趾，其中 SWB、SET 扩展速率相对其他焊缝区的裂纹而言，扩展速率更快。

　　（2）SWT、NWB 在整个加载过程中，仅停留在垫板开裂状态，裂纹并未见明显进一步扩展；SEB 直至加载结束并未出现可见裂纹。

　　（3）在第一个位移循环（0~±14mm）阶段，节点焊缝区垫板出现裂纹，说明此时节点已进入塑性阶段。

　　（4）在第 57 周（对应 0~±18mm）和第 105 周（对应 0~±20mm），关于 SET 焊趾裂纹扩展现象的描述表明：节点起裂后，在大位移往复循环加载下，塑性变形累积损伤迅猛增加，导致裂纹扩展迅速。

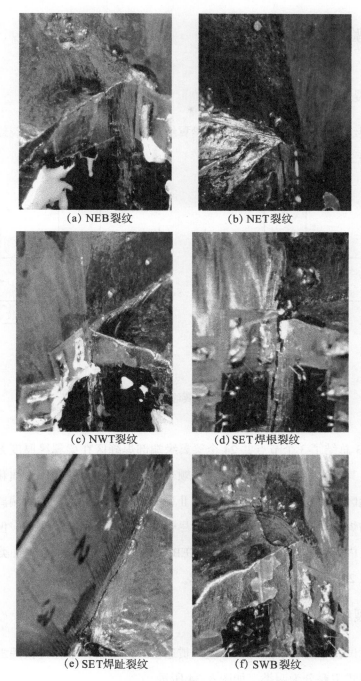

(a) NEB裂纹   (b) NET裂纹

(c) NWT裂纹   (d) SET焊根裂纹

(e) SET焊趾裂纹   (f) SWB裂纹

图 3.32 试验结束时各个焊缝位置裂纹形貌

3.3　试验结果分析

3.3.1　裂纹类型

根据裂纹演化特征，本试验在沿梁翼缘厚度方向观察到不同的裂纹类型，可归纳为如图 3.33 所示两种类型。

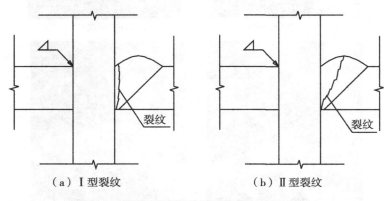

（a）Ⅰ型裂纹　　　　　　　　（b）Ⅱ型裂纹

图 3.33　焊缝区沿梁翼缘厚度方向的裂纹类型

图 3.33 总结了 3 个节点共 24 个梁翼缘端部焊缝区在梁翼缘厚度方向的各种裂纹类型，其中Ⅰ型裂纹由焊根开始，顺着梁柱连接拐角处的焊缝演化，试验中大部分焊缝区裂纹属于这种裂纹类型；Ⅱ型裂纹由焊根开始，逐渐偏离梁柱连接拐转角处的焊缝呈曲折路径向上发展，尽管裂纹并非顺直向上演化，但裂纹始终位于焊缝区内，节点试件 3 的 NET、NEB、SWB 3 个焊缝区的裂纹类型均属此类，如图 3.22、图 3.28 及图 3.32 所示。

3.3.2　裂纹宏观贯通模式

通过对试验中所有节点焊缝区裂纹贯通模式的观察，梁柱连接焊缝区裂纹的宏观贯通模式主要分为两类，如图 3.34 所示。

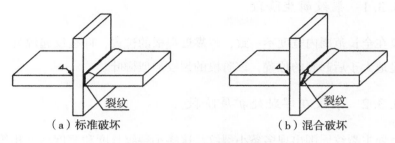

（a）标准破坏 　　　　　　　（b）混合破坏

图 3.34　焊缝裂纹贯通模式

3.3.2.1　标准破坏模式

裂纹沿着梁翼缘厚度方向演化期间对应 I 型裂纹，待裂纹扩展至梁翼缘顶面，裂纹沿着焊趾处扩展，直至两侧焊缝区的裂纹相互贯通，使得节点焊缝区最终发生失效破坏。

3.3.2.2　混合破坏模式

裂纹沿着梁翼缘厚度方向演化期间对应 II 型裂纹，待裂纹扩展至梁翼缘顶面，裂纹在焊缝区范围内继续沿梁翼缘宽度方向扩展，随着循环加载次数增加，裂纹逐渐向焊趾靠拢，与对向焊缝区的裂纹于焊趾处贯通直至节点焊缝区失效破坏。

混合破坏模式与标准破坏模式最大的不同就是，除了具有标准破坏模式的特点外，还存在比较明显的剪切破坏面。这两类裂纹贯通模式，虽然在萌生及扩展初期裂纹发展路径不相同，但是裂纹最终回归梁翼缘顶面的焊趾处，并与对向焊缝区的裂纹交汇，以致节点焊缝区疲劳破坏。这可能是焊接材料组成成分对力的传递速率和自身变形的差异，使裂纹扩展路径呈曲折发展。这说明焊接材料及焊接工艺对梁柱连接处的焊缝力学性能的影响较大。

3.3.3　焊缝裂纹破坏形态分析

采用电子显微镜拍摄 3 个节点试件焊缝区裂纹从萌生、扩展到裂纹贯通的图片，通过裂纹发展过程的形态进行分析总结。

3.3.3.1　裂纹萌生阶段

裂纹在全长范围内宽度不一致，越靠近焊根的位置，即裂纹起源处，裂纹宽度越明显地大于后起裂的位置，该阶段的裂纹形似柳叶。

3.3.3.2　裂纹在焊趾处扩展阶段

焊趾处主裂纹周围出现多条小裂纹，这些小裂纹长度和宽度均不相等，且裂纹看似平滑、连续，但实际上弯曲、间断，该阶段的裂纹形似树皮纹理。

3.3.4　裂纹破坏机制分析

根据试验现象记录及试验数据采集综合分析，节点试件 2 与节点试件 3 焊缝在裂纹萌生及扩展时对应的梁自由端荷载变化统计如表 3.6 所示。

表 3.6　　　　　　　　　　焊缝裂纹萌生及扩展与荷载变化关系

试件编号	循环周次	梁端方位	截至第 i 周，梁端经历的最大荷载 F_{max}（kN）	梁端在第 i 周的最大荷载 F_i（kN）	荷载降 $\dfrac{F_{i,max} - F_i}{F_{i,max}}$（%）	加载点位移值 Δ_i（mm）	试验现象
试件 2	No. 8	西	57.38	51.86	9.6	17	NWB 焊根裂纹萌生
		东	36.92	35.8	3.0		
	No. 51	西	57.38	40.8	28.9	17	NWB 焊根裂纹贯通
		东	38.9	34.79	10.6		
	No. 68	西	57.38	35.72	37.7	17	NWB、SWB 裂纹扩展至焊趾
		东	38.9	33.69	13.4		
试件 3	No. 8	西	54.32	48.86	10.1	14	NWB、SWB 垫板开裂
		东	31.14	30.04	3.5		
	No. 22	西	54.32	47.4	12.7	14	NWT、NEB 垫板开裂
		东	32.49	31.46	3.2		
	No. 31	西	54.32	46.36	14.7	16	NEB、SWB 焊根裂纹萌生
		东	35.58	34.31	3.6		

试件编号	循环周次	梁端方位	截至第 i 周,梁端经历的最大荷载 F_{max}(kN)	梁端在第 i 周的最大荷载 F_i(kN)	荷载降 $\dfrac{F_{i,max}-F_i}{F_{i,max}}$(%)	加载点位移值 Δ_i(mm)	试验现象
试件3	No.36	西	54.32	45.21	16.8	16	NWB、SET焊根裂纹萌生
		东	35.58	34.21	3.9		
	No.49	西	54.32	43.07	20.7	18	SET裂纹扩展至焊趾
		东	39.12	35.58	9.0		

3.3.4.1　裂纹萌生判据

节点试件出现裂纹后,节点承载能力会有所下降,即荷载降与裂纹萌生密切相关。通过试验观察每个焊缝区裂纹出现时对应的荷载降之数值,并分析它们之间的规律得知:节点试件的两侧梁自由端在承受同步反向位移加载的过程中,西侧梁的荷载值显著大于东侧梁的荷载值,而且西侧梁荷载降的数值也明显比东侧梁的荷载降数值大,试验观察到西侧的焊缝区早于东侧焊缝区萌生裂纹。统计焊缝区裂纹萌生时的荷载降数值,并将具有代表性的焊缝位置的荷载变化列于表3.6中。

根据表3.6中荷载降与裂纹破坏状态之间的对应关系绘制图3.35。由图可知,对于节点试件的西侧梁,节点焊缝区萌生裂纹时对应的荷载降在10%左右;而对于东侧梁,节点焊缝区萌生裂纹时对应的荷载降在3%左右。

这里需要说明的是,东侧梁出现裂纹萌生时刻的荷载降虽然较西侧梁的荷载降稍小,理论上会使人认为东侧梁焊缝区先于西侧梁焊缝区萌生裂纹,但在本试验中,在两侧梁自由端对称反向加载,节点焊缝区出现裂纹之前,梁自由端经历的荷载最大值却不相同,荷载降的变化也并非同步。东侧梁自由端的荷载较西侧梁自由端的荷载小,其荷载降的变化也较西侧梁的荷载降变化要慢许多,因此东侧梁的节点焊缝区起裂较晚。

鉴于上述分析,荷载降在3%到10%之间,是焊缝裂纹萌生的关键点,建议将其作为裂纹萌生的初步判别标准。

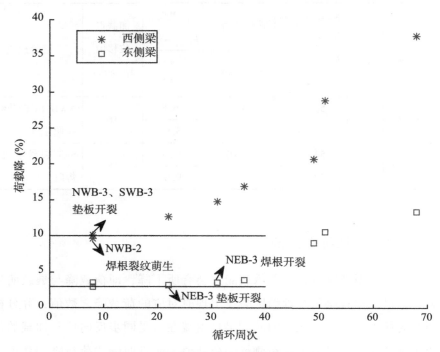

图 3.35 荷载降与裂纹破坏状态关系曲线

3.3.4.2 损伤破坏机理

根据 3.2.3 节中试验现象描述，节点试件 3 在第 38 周时，西南下翼缘（SWB）裂纹增长速度超过了率先在焊根处萌生裂纹的东北下翼缘（NEB）的裂纹增长速度，这说明除了荷载降之外，还有其他因素影响裂纹的萌生与扩展速度。

结合表 3.6 中荷载降的变化绘制图 3.36，由图中西侧梁与东侧梁两条曲线的斜率可以看出，在第 38 周（图中虚线）之前，西侧梁端的荷载降的变化速率显著大于东侧梁端的荷载降的变化速率。换言之，在相同时间内，梁自由端经历的荷载下降值较大，且下降速度较快，节点焊缝区的承载力就会迅速降低，焊缝材料内部的塑性累积损伤就越大，导致焊缝区裂纹增长速度加快。由此可见，裂纹增长快慢不仅与荷载降有关，而且还与荷载降的变化速率密切相关。

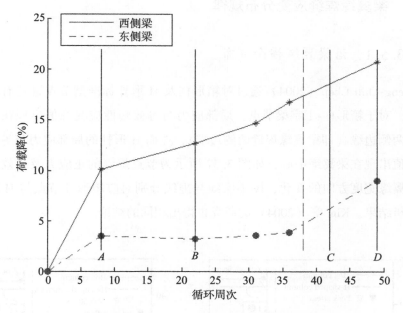

图 3.36 节点试件 3 梁自由端荷载变化速率

此外，在梁自由端加载的位移幅值大小对裂纹扩展速度也有较大影响。分析图 3.36 可知，在 AB 区间，即裂纹萌生（第 8 周）到第 22 周，对应的加载位移幅为 14mm，该区间的西侧梁与东侧梁曲线斜率小于 BC 区间，即第 23 周至第 42 周区间的曲线斜率，对应的加载位移幅为 16mm；而在图中 CD 区间，即第 42 周（对应的加载位移幅为 18mm）之后的曲线最陡，即荷载降的变化速率最大。由此可见，加载的位移幅值与荷载降的变化速率成正相关。

再根据表 3.6 汇总的试验现象也可以发现，在加载的第二阶段，新增了多个焊缝区的裂纹，裂纹扩展比第一阶段稍快；在加载的第三阶段，第 49 周时，也就是进入 18mm 位移幅循环阶段仅仅 7 周次，在 SET 焊缝区的裂纹就已经扩展到了梁翼缘顶面的焊趾处，这明显是由于加载的位移幅增大的原因所致。换句话说，加载的位移幅值越大，裂纹扩展就越迅速。

综上所述，裂纹萌生及扩展的主要影响因素有荷载降、荷载降的变化速率和加载制度。

3.3.5　梁翼缘焊缝应变分布规律

3.3.5.1　沿梁翼缘横向分布

Cheng-Chih Chen（2004）通过对箱形柱及 H 形柱标准型节点进行有限元分析指出，对于箱形柱-工字梁节点，局部应力与等效塑性应变峰值出现在完全熔透焊缝两侧边缘（即梁翼缘焊缝两侧边端），然而 H 形柱的局部应力与等效塑性应变峰值出现在梁翼缘中心，如图 3.37 所示为节点焊缝的正应力及等效塑性应变沿梁翼缘宽度方向的变化，图中实线与虚线分别对应箱形柱节点与 H 形柱节点的分析结果。Kim 等（2004）的研究也得出相同的结论。

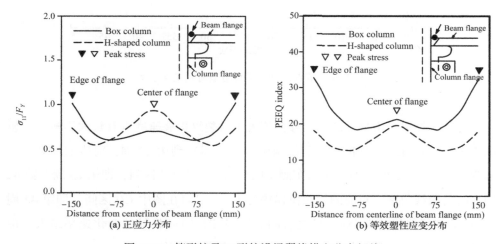

(a) 正应力分布　　　　　　　　　　　(b) 等效塑性应变分布

图 3.37　箱形柱及 H 形柱沿梁翼缘横向分布规律

王万祯（2013）通过箱形柱-工字梁标准型节点的低周循环往复加载试验研究，提出基于椭球面的焊缝断裂指数模型，并以应力作为模型参数，总结断裂指数沿梁翼缘横向分布规律（如图 3.38 所示），峰值出现在梁翼缘焊缝边端，即最大应力点出现在梁翼缘焊缝两侧边端，这与 Cheng-Chih Chen 的结论相似。

本试验通过在梁上翼缘顶面横向布置 5 个应变片，分析应变沿梁翼缘宽度变化规律。以节点试件 2 的试验结果为例进行分析，图 3.39 所示为抽取试验过程中 4 个不同时刻（$t=500\text{s}$、1000s、1500s、2000s），东西两侧梁翼缘焊缝的应变

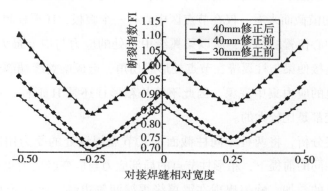

图 3.38 王万祯对接焊缝断裂指数分析

沿梁翼缘横向分布图，图中应变出现正值与负值，这是对应该时刻测点的受力状态，对比分析时主要关注其绝对值即可。由图 3.39 可见，应变峰值也是出现在梁翼缘焊缝的边端，与 Cheng-Chih Chen、Kim 等的分析结果相同。

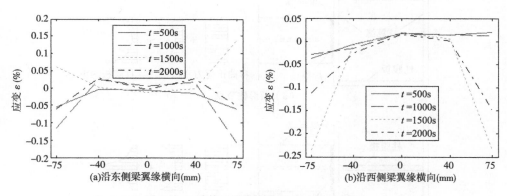

图 3.39 试件 2 沿梁翼缘横向应变分布图

假定两种不同柱截面形式节点的柱与翼缘的尺寸相同，分别在梁端施加相同荷载，在节点焊缝处产生的弯曲正应力相等，而箱形柱节点与 H 形柱节点局部应力（应变）沿梁翼缘焊缝横向分布规律不一致，究其原因，主要源自两方面因素：一方面，柱腹板对梁柱连接节点区的约束在很大程度上影响应力与应变在梁翼缘焊缝横向上的分布，箱形柱与 H 形柱构造上的差别是造成两种不同柱截面形式的梁柱节点应力应变分布规律不一致的主导因素。箱形柱截面有两个柱腹板分别在两端，加强了对梁翼缘端部的约束，两侧边端的局部应力与应变值最大，而从 H 形柱的横截面来看，仅在节点区中心有一个腹板，H 形柱腹板的存在加强了对梁翼缘中心位置的约束，所以梁翼缘中心处的应力与应变最大；另一方面，是由于梁柱连接使梁与柱翼缘在节点处形成拐角，造成梁翼缘端部的几何形状突变而导致明显的应力集中现象，因此不管是箱形柱还是 H 形柱，在梁翼缘端部的应力或应变都是比较大的。

　　根据上述分析，将两种不同柱截面形式节点焊缝处的受力用图 3.40 表示。在加载条件相同的前提下，箱形柱节点的局部应力与应变经应力集中及柱腹板约束两方面因素的叠加，峰值出现在梁翼缘焊缝两侧边缘，而 H 形柱的梁翼缘中心则是局部应力与应变峰值的归属，两侧边端的应力与应变因应力集中呈现应力与应变均较大的趋势，但其值比主导因素影响下的应力与应变值要小，如同图 3.37 中 H 形柱节点的两条曲线所体现的规律。

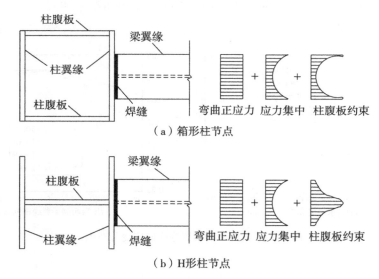

（a）箱形柱节点

（b）H形柱节点

图 3.40　两种不同柱截面形式节点焊缝处的受力

　　由于测点距离梁根部有一定的距离，此处的应变分布不能完全代表梁翼缘根部的应变分布，但显而易见的，由于焊根处有显著的应力集中现象，在循环加载作用下，梁翼缘焊根处累积塑性应变一定比翼缘焊缝其他部位要大。这也合理地解释了试验中节点试件的裂纹源出现在梁翼缘焊缝两侧边端的现象。

3.3.5.2 沿梁翼缘纵向分布

通过梁上翼缘表面沿翼缘中线 4 个应变测点的数据，可以观察节点在 4 个不同时刻（$t=500s$、$1000s$、$1500s$、$2000s$）沿梁翼缘长度方向（即纵向）的应变分布，这里仍以节点试件 2 为例进行说明。应变片与柱翼缘表面向外的距离分别为 10mm、100mm、300mm 和 500mm。

图 3.41 所示是沿梁翼缘纵向应变分布图，从图中可以看出，在弹性和塑性阶段，东侧梁与西侧梁应变分布规律大体一致。应变片测到的梁翼缘应力分布大致按照梁的理论预测由柱表面向外逐渐降低。此外，靠近柱表面的梁翼缘，即梁翼缘焊缝几何形状突变处，明显受到应力集中的影响，应力水平明显高于其他应变片，而向外的应变片处由于应力集中明显得以缓解，所以其应变水平降低。在距离焊趾 100mm 范围之外，应变起伏变化不大，应变数据比较相近。该测试结果表明，梁翼缘焊缝的存在，对节点沿梁纵向的应变分布有显著的影响。

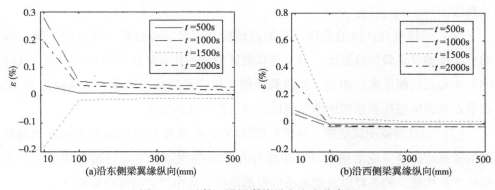

图 3.41　试件 2 沿梁翼缘纵向应变分布图

3.4　本章小结

通过采用位移控制的方法对钢框架十字形梁柱节点进行低周循环往复加载试验，研究了箱形柱-工字梁焊接节点焊缝的疲劳破坏机理及裂纹萌生判别标准，得出如下结论：

（1）通过 ABAQUS 有限元模拟计算，并与强震作用下梁柱节点焊缝区的受力特征进行比对，确定采用大于节点屈服位移值进行加载，可使梁柱节点焊缝区在循环加载试验中保持处于塑性阶段。

（2）试验表明：钢框架梁柱焊接节点在大于屈服位移值的低周循环往复加载条件下，焊缝区很快地进入塑性阶段，并萌生疲劳裂纹，所有焊缝区的裂纹起源位置均在焊根处，因此梁柱节点焊缝区的焊根是疲劳破坏的危险点。

（3）分析了 3 个大尺寸节点试件所有焊缝区裂纹的演化过程及裂纹宏观贯通模式，总结出裂纹类型主要有 I 型裂纹和 II 型裂纹两种类型，裂纹宏观贯通模式主要有标准破坏和混合破坏两种模式。

（4）通过电子显微镜观察焊缝裂纹破坏形态，主要针对裂纹形成初期及裂纹扩展至焊趾处两个阶段进行归纳分析，前期裂纹形似柳叶，后期在主裂纹周围出现多条小裂纹，形似树皮纹理。

（5）通过分析节点试件东西两侧梁自由端荷载降的变化规律，3%～10% 的荷载降是裂纹萌生的一个重要分水岭，据此提出箱形柱节点焊缝区裂纹萌生的初步判据。

（6）通过节点试件的低周往复加载试验，探讨试验参数（荷载降、荷载降的变化速率及试验加载制度）对节点焊缝区裂纹损伤破坏机理的影响，即荷载降的大小与裂纹萌生密切相关，而荷载降的变化速率越快，加载的位移幅值越大，在节点焊缝区塑性累积损伤增加越快，裂纹扩展就越迅速。

（7）通过应变测试数据，分析箱形柱-工字梁与 H 形梁柱两种不同柱截面形式的梁翼缘焊缝应变沿横向分布规律存在差异的原因，主要是箱形柱节点与 H 形柱节点构造上的差异以及梁翼缘焊根部位应力集中二者的综合影响所致。

（8）从节点试件沿梁翼缘表面中心处纵向的应变分布规律可以看出，梁翼缘应变分布由柱表面向外逐渐降低，越靠近焊缝区，由于明显的应力集中导致应力水平高于远处。

第 4 章　梁柱焊接节点焊缝区超低周疲劳损伤评估

在强烈地震作用下，梁柱节点构件承受着复杂的多轴载荷作用，事实上，承受单轴荷载的复杂构件如果存在缺口等几何形状突变的情形，会导致几何形状突变处处于多轴的应力应变状态，而钢框架梁柱焊接节点焊缝局部构造细节几何特征复杂，焊接局部区域往往处于多轴受力状态，梁柱节点焊缝区的疲劳损伤通常属于多轴超低周疲劳的范畴。因此，研究多轴疲劳较单轴疲劳更接近工程实际，对于工程实际应用更具有重要的指导意义。

美国 Northridge 地震、日本 Kobe 地震之后，美日两国开始关注钢结构梁柱焊接节点的局部损伤和断裂问题方面的研究，而这方面的研究重点集中于钢结构建筑采用的金属材料的抗疲劳性能、焊接工艺和局部构造细节对损伤断裂性能的影响。随着损伤力学和疲劳断裂力学的发展，新的力学研究成果逐渐运用于结构损伤分析领域。这些研究分析认为，结构构件的失效破坏源于局部构造细节的损伤劣化，应当作为研究的重点关注对象。

本章以钢框架梁柱焊接节点焊缝区为研究关注点，结合第 2 章焊接构造细节疲劳试验得到的疲劳性能参数和第 3 章节点循环往复加载试验得到的节点焊缝的应变参数，采用多轴疲劳分析方法进行节点的超低周疲劳损伤分析，主要研究统一的多轴疲劳损伤准则及修正的 FS 疲劳损伤准则对钢框架节点焊缝疲劳损伤评估的精度。

本章内容如下：

（1）研究了超低周疲劳损伤评估的基本思路和 5 个关键问题；

（2）利用第 3 章钢框架梁柱焊接节点焊缝疲劳裂纹萌生及扩展试验的应变测试结果，以及应变分量之间的关系，计算得到焊缝区的应变响应，研究并确定了梁柱节点焊缝疲劳危险点处疲劳破坏临界面的位置；

（3）采用循环雨流计数法确定了大位移循环加载作用下钢框架梁柱焊接节点焊缝疲劳危险点临界面上的损伤控制参量幅值谱；

（4）基于多轴疲劳分析中的统一的多轴疲劳损伤准则及修正的 FS 疲劳损伤准则，计算疲劳损伤参量；

（5）结合 Miner 线性累积损伤准则，初步研究了大位移循环加载作用下箱形柱焊接节点焊缝区的疲劳损伤评估，并将两种方法的损伤计算结果进行比较分析，提出适用于箱形柱节点的疲劳性能参数及疲劳损伤评估模型。

4.1　超低周疲劳损伤评估的基本思路

基于第 3 章钢框架梁柱焊接节点焊缝疲劳裂纹萌生及扩展试验研究得知，在大于屈服位移的位移循环往复加载控制下，梁柱节点区进入塑性变形阶段，产生较大的塑性变形累积，导致梁柱节点区发生超低周疲劳破坏，这与强烈地震作用下，钢框架梁柱焊接节点发生的震害特点相似。本章进行超低周疲劳损伤评估的基本思路概括如下：

（1）根据钢框架梁柱焊接节点焊缝疲劳裂纹萌生及扩展试验的应变测试结果，基于弹性力学中应变分量之间的关系，计算得到焊缝区疲劳危险点的应变响应。

（2）基于坐标变换，计算应变时程响应内梁柱焊接节点焊缝区疲劳危险点处的损伤平面，采用权值平均化处理的方法确定疲劳破坏临界面。

（3）运用双重循环雨流计数法，将临界面上的正、剪应变时程响应进行循环雨流计数，确定统一的多轴疲劳损伤准则及修正的 FS 疲劳损伤准则中所需的其他应力或应变分量，编制变幅疲劳荷载谱。

（4）对于采用非比例影响因子修正的 FS 疲劳损伤模型，在考虑临界面上剪切应变和法向正应变的路径变化时，采用凸包的方法处理复杂加载路径对疲劳损伤的影响；将第 2 章焊接构造细节试件的疲劳性能参数及本课题组前期研究成果中的非比例附加强化特征参数代入疲劳损伤评估模型，根据变幅疲劳荷载谱计算每个应变幅对应的疲劳寿命。

（5）对于统一的多轴疲劳损伤模型（SW 模型），将疲劳损伤参量代入进行计算相对应的疲劳寿命。

（6）基于 Miner 线性累积损伤准则计算某一加载时间段内梁柱节点的疲劳损伤程度。将两种多轴疲劳损伤模型的计算结果与试验结果进行对比，分析损伤评估模型的适用性。

结合本研究，钢框架梁柱焊接节点焊缝区超低周疲劳损伤评估基本流程如图4.1 所示。

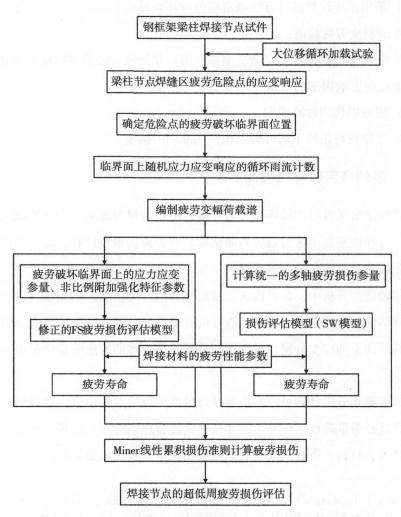

图 4.1　钢框架梁柱焊接节点焊缝区超低周疲劳损伤评估

4.2　超低周疲劳损伤分析的几个关键问题

超低周疲劳损伤分析中的关键是确定疲劳损伤程度，而该过程涉及如下几方面的问题待解决：

（1）焊接节点焊缝区危险点处疲劳破坏临界面的确定；

（2）采用循环计数统计方法确定疲劳破坏临界面上的应力或应变等损伤控制参量，并编制疲劳荷载谱；

（3）非比例加载条件下复杂应变路径的简化处理方法及多轴疲劳临界面损伤参量中非比例影响因子的确定；

（4）疲劳损伤的计算模型；

（5）变幅载荷条件下的疲劳累积损伤准则的确定。

4.2.1　多轴疲劳破坏临界面的确定

临界面法定义材料的破坏面为临界面，即认为材料在某一特定平面上发生疲劳失效，并在该平面上进行疲劳寿命估算和疲劳损伤累积计算，临界面的定义使疲劳累积损伤具有一定的物理意义。

在多轴疲劳分析中，临界面法已被研究者们广泛接受。采用临界面法进行疲劳损伤评估的首要问题是，根据一点处的 6 个应变分量进行应变状态分解，计算任一材料平面上的应变分量，再利用权值平均化处理的方法确定疲劳破坏临界面的位置。

根据有限元分析计算可以初步判断焊缝疲劳危险点的位置，通过焊接节点试验确定焊缝疲劳危险点实际发生的部位并通过合理的应变花布置方法获得应变结果。一般地，材料一点处的应变状态可采用张量形式表示如下①：

---

① Socie D F, Marquis G B. Multiaxial fatigue ［M］. Warrendale, PA：SAE, 2000.

Li J, Zhang Z, Sun Q, et al. Low-cycle fatigue life prediction of various metallic materials under multiaxial loading ［J］. Fatigue & Fracture of Engineering Materials & Structures, 2011, 34 （4）：280-290.

$$\boldsymbol{\varepsilon} = \begin{bmatrix} \varepsilon_{xx} & \varepsilon_{xy} & \varepsilon_{xz} \\ \varepsilon_{yz} & \varepsilon_{yy} & \varepsilon_{yz} \\ \varepsilon_{zx} & \varepsilon_{zy} & \varepsilon_{zz} \end{bmatrix} \tag{4-1}$$

在整体坐标系 x-y-z 下，材料一点处的应变状态如图 4.2 所示。根据材料力学的基本理论，采用坐标变换法确定材料一点单元体内任一材料平面 (θ, ϕ) 上的应变分量。坐标转换方程如下：

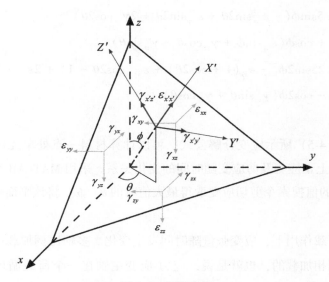

图 4.2　坐标变换

$$\boldsymbol{\varepsilon}' = \boldsymbol{M}^{\mathrm{T}} \boldsymbol{\varepsilon} \boldsymbol{M} \tag{4-2}$$

式中，$\boldsymbol{\varepsilon}'$ 为新坐标系下的应变张量；$\boldsymbol{M}$ 为坐标变换矩阵，表示如下：

$$\boldsymbol{M} = \begin{bmatrix} a_{11} & a_{12} & a_{13} \\ a_{21} & a_{22} & a_{23} \\ a_{31} & a_{32} & a_{33} \end{bmatrix} = \begin{bmatrix} \cos\theta\sin\phi & \sin\theta\sin\phi & \cos\phi \\ -\sin\theta & \cos\theta & 0 \\ -\cos\theta\cos\phi & -\sin\theta\cos\phi & \sin\phi \end{bmatrix} \tag{4-3}$$

根据式（4-2）和式（4-3），可得材料一点处任意材料平面 (θ, ϕ) 上的剪切应变分量和法向正应变分量：

$$\begin{cases} \varepsilon_{x'x'} = \varepsilon_{xx}a_{11}^2 + \varepsilon_{yy}a_{12}^2 + \varepsilon_{zz}a_{13}^2 + (\gamma_{xy}a_{11}a_{12} + \gamma_{xz}a_{11}a_{13} + \gamma_{yz}a_{11}a_{12}) \\ \gamma_{x'y'} = \varepsilon_{xx}a_{11}a_{21} + \varepsilon_{yy}a_{12}a_{22} + \varepsilon_{zz}a_{13}a_{33} + \gamma_{xy}(a_{11}a_{22} + a_{12}a_{21}) \\ \qquad + \gamma_{yz}(a_{12}a_{23} + a_{13}a_{22}) + \gamma_{zx}(a_{13}a_{21} + a_{11}a_{23}) \\ \gamma_{x'z'} = \varepsilon_{xx}a_{11}a_{31} + \varepsilon_{yy}a_{12}a_{32} + \varepsilon_{zz}a_{13}a_{33} + \gamma_{xy}(a_{11}a_{32} + a_{12}a_{31}) \\ \qquad + \gamma_{yz}(a_{12}a_{33} + a_{13}a_{32}) + \gamma_{zx}(a_{13}a_{31} + a_{11}a_{33}) \end{cases} \quad (4\text{-}4)$$

$$\Rightarrow \begin{cases} \varepsilon_{x'x'} = 0.25(1 - \cos2\phi)\left[\varepsilon_{xx}(1 + \cos2\theta) + \varepsilon_{yy}(1 - \cos2\theta) + \gamma_{xy}\sin2\theta\right] \\ \qquad + 0.5\left[\varepsilon_{zz}(1 + \cos2\phi) + (\gamma_{xz}\cos\theta + \gamma_{yz}\sin\theta)\sin2\phi\right] \\ \gamma_{x'y'} = 0.5\sin\phi(-\varepsilon_{xx}\sin2\theta + \varepsilon_{yy}\sin2\theta + 2\gamma_{xy}\cos2\theta) \\ \qquad + \cos\phi(\varepsilon_{zz}\sin\phi + \gamma_{yz}\cos\theta - \gamma_{zx}\sin\theta) \\ \gamma_{x'z'} = 0.25\sin2\phi\left[-\varepsilon_{xx}(1 + \cos2\theta) + \varepsilon_{yy}(\cos2\theta - 1) + 2\varepsilon_{zz} - 2\gamma_{xy}\sin2\theta\right] \\ \qquad - \cos2\phi(\gamma_{yz}\sin\theta + \gamma_{zx}\cos\theta) \end{cases}$$

$$(4\text{-}5)$$

基于式（4-5）所示应变分解公式，可以计算材料一点处单元体内任一材料平面（θ，ϕ）上正应变及剪应变随时间的变化关系。采用 MATLAB 编制程序，通过改变 θ、ϕ 的值搜索令剪切应变取得最大值时的 θ、ϕ，将该平面作为裂纹萌生的临界面。

在循环荷载作用下，应变张量随时间发生变化。多轴比例加载中，正应变与剪切应变是同相加载的，也就是说，应力-应变主轴在一个荷载循环中只发生大小的变化而方向不发生改变，由此可知各个时刻的临界损伤平面位置保持不变。然而，在多轴非比例加载条件下，正应变与剪切应变不仅大小发生变化，而且正、剪应变之间还存在一定的相位差，即应力应变主轴在一个荷载循环中，不仅应变大小发生变化，而且方向也随之变化，因此多轴非比例加载条件下的临界平面角度不唯一。换句话说，多轴非比例加载下，每经历一个不同的应变状态，都可能产生一个新的临界损伤平面，最终临界损伤面由这些不同临界损伤平面上的损伤程度来确定。

同时由于随机载荷下，材料平面上的正应变和剪切应变往往存在多个峰值，而且这些峰值相差较大，基于此，本书采用权值函数考虑该因素的影响，运用权值平均化处理的方法确定临界平面角度。疲劳危险点的加权平均最大损伤临界面可定义为：

$$\overline{\theta} = \frac{1}{W}\sum_{i=1}^{n}\theta(t_i)w(t_i) \tag{4-6}$$

式中，$\theta(t_i)$ 表示在各个时刻出现最大剪应变的平面；$w(t_i) = \dfrac{\gamma_{t,\,max} - \gamma_{min}}{\gamma_{max} - \gamma_{min}}$ 是 $\theta(t_i)$ 的权值函数，表示该平面上最大剪应变对材料的损伤相关；W 为权值 $w(t_i)$ 之和；γ_{max}、γ_{min} 分别表示整个应变时程中的最大、最小剪应变值；$\gamma_{t,\,max}$ 为各时刻最大剪应变值。

采用加权平均确定临界面后，便可确定临界损伤平面上的最大剪切应变幅。

4.2.2 循环雨流计数法

随机加载条件下的疲劳分析首先要对随机响应进行循环计数统计，将随机疲劳荷载编制成标准的变幅荷载谱块，然后按照常幅疲劳方法进行疲劳寿命预测和损伤评估。目前，处理随机疲劳荷载时常用的循环计数方法是循环雨流计数法。[①] 雨流计数法又可称为"塔顶法"，是由 Matsuishi 和 Endo 两位工程师提出的，距今已有 50 多年。雨流计数法主要用于工程界，特别在疲劳寿命计算中运用非常广泛。雨流计数法的基本原理是根据材料的应力应变的非线性关系来进行循环计数统计，即把应力应变记录分离为一系列闭合的应力-应变滞回环，并且认为一个大的应力-应变循环对材料造成的损伤，不受小的循环的影响，该方法对载荷的时间历程进行计数的过程反映了材料的记忆特性，具有明确的力学概念，因此该方法得到了普遍的认可。具体操作为：把应变-时间历程数据记录转过 90°，时间坐标轴竖直向下，数据记录犹如一系列屋面，雨滴在遵循特定计数规则的前提下，沿着应变时程曲线自上而下流动，雨流计数法由此而得名。循环雨流计数法过程如图 4.3 所示。

① Shamsaei N. Multiaxial fatigue and deformation including non-proportional hardening and variable amplitude loading effects [D]. The University of Toledo Dissertations, 2010.

Colombi P, Doliñski K. Fatigue lifetime of welded joints under random loading：Rainflow cycle vs. cycle sequence method [J]. Probabilistic Engineering Mechanics, 2001, 16 (1)：61-71.

Carpinteri A, Spagnoli A, Vantadori S. A multiaxial fatigue criterion for random loading [J]. Fatigue & Fracture of Engineering Materials & Structures, 2003, 26 (26)：515-522.

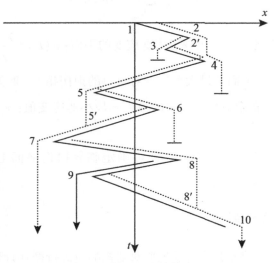

图 4.3　循环雨流计数过程

雨流计数法的基本规则如下：

（1）雨流依次从载荷时间历程的峰值位置的内侧沿着斜坡往下流；

（2）雨流在流到峰值处（即屋檐）竖直下滴，当遇到比其起始峰值更大的峰值时，要停止流动；

（3）当雨流遇到来自上面屋顶流下的雨滴时，就停止流动，并且构成了一个循环；

（4）根据雨滴流动的起点和终点，画出各个循环，将所有循环逐一取出来，并记录其峰谷值；

（5）每一雨流的水平长度可以作为该循环的幅值。

在多轴疲劳临界面分析时，通常需要确定临界面上随机剪切应变的循环计数，在此基础上确定对应于剪切应变幅内的法向正应变或法向正应力参量。鉴于临界面法的基本假设，认为材料的疲劳破坏主要受剪切应变控制，因此随机响应的循环计数通常以考虑剪切应变的循环雨流计数为主，在已确定的剪切应变幅起止时间区段内对法向正应变或正应力参量进行循环计数。具体而言，首先对临界面上的剪切应变进行循环雨流计数，记录每个剪切应变循环的折返点，剪应变的折返点对应于剪切变形的换向，两个相邻的最大剪切应变折返点之间的法向应变幅的贡献对裂纹扩展才是有效的，然后在每个剪切应变循环的两个折返点之间确定法向正应变幅或正应力的大小，将统计结果编制成等效的常幅疲劳荷载谱。

4.2.3 多轴疲劳损伤参量

在机械、航空等领域，研究者们对多轴疲劳已进行了广泛深入的研究，并且形成了相对成熟的多轴疲劳损伤评估方法。目前，多轴疲劳性能评估方法主要有三类：等效应变法、能量法、临界面法。等效应变法是单轴疲劳分析方法在多轴低周疲劳分析中的推广，应用于比例加载条件下的多轴疲劳寿命预测时能取得良好的效果，但许多研究认为该方法应用于非比例加载条件下的多轴疲劳寿命估算时误差较大。能量法是把每次循环加载产生的应变能密度（塑性功）作为疲劳损伤控制参量；但考虑到应变能密度是一个标量，不能反映多轴疲劳破坏机制，且不能考虑加载方式对疲劳损伤的影响，使其在应用中受到一定限制。临界面法是基于疲劳裂纹成核启裂的观察而发展起来的，认为材料存在一个疲劳破坏临界平面，疲劳损伤的累积均在该平面上进行，具有较为明确的物理意义，可应用于比例和非比例加载情况；因其在处理多轴疲劳寿命预测时结果较为理想，得到了各国学者的普遍关注和认同。

在工程上进行疲劳损伤评估，偏向于选择简单、有效的损伤评估模型，并且能保证评估结果满足精度要求，因此，在前人研究成果之上，本研究选择临界面法中的两类模型：统一的多轴疲劳损伤模型（SW 模型）及修正的 FS 疲劳损伤模型进行估算，并分析其评估效果。下面描述两种方法的疲劳损伤参量。

4.2.3.1 统一的多轴疲劳损伤参量（SW 模型）

临界面法大多采用最大剪切平面作为临界损伤平面，并将该平面上的 γ_{max}、ε_n 作为构造损伤参量的两个基本参数。

从微观角度来看，由于疲劳裂纹生长是沿着裂纹尖端剪切带的聚合过程。裂纹面上的法向应变使这种聚合加速。E. H. Jordan 等经试验观测指出，影响疲劳裂纹扩展的重要参量是两个最大剪切应变折返点之间的法向应变幅度的大小。尚德广经研究指出，在比例加载条件下，多轴疲劳临界面上最大剪切应变 γ_{max} 的两个折返点之间的法向应变幅 ε_n^* 是非常小的，且等于最大变化范围。而非比例加载下，ε_n^* 随着相角的增大而逐渐增大。在疲劳寿命最短的 $90°$ 相角的非比例加载下，ε_n^* 已达到该等效应变情况下的最大值，且等于 ε_n 的幅值。这说明 $\gamma_{\max}$ 和 ε_n 是控制多轴疲劳损伤的两个重要参数。尚德广等人认为，如果利用 von Mises 准则将临界面上 $\gamma_{\max}$、ε_n^* 两参数合成一个等效应变，并用其作为临界面上的损伤控制量，那么就可以得到一种基于应变的多轴疲劳损伤量，并且该方法对比例和非比例加载都适用，即第 1 章 1.3.3 节提到的 SW 模型：

$$\frac{\Delta \varepsilon_{eq}^{cr}}{2} = \left[\varepsilon_n^{*\,2} + \frac{1}{3} \left(\frac{\Delta \gamma_{\max}}{2} \right)^2 \right]^{\frac{1}{2}} \tag{4-7}$$

式中，$\Delta \gamma_{\max}$ 为临界面上的最大切应变范围，ε_n^* 为两个最大剪切应变之间的法向应变幅度，$\dfrac{\Delta \varepsilon_{eq}^{cr}}{2}$ 即可考虑多轴非比例附加强化效应。

在多轴比例加载条件下：

$$\frac{\Delta \varepsilon_{eq}^{cr}}{2} = \frac{\Delta \varepsilon_{eq}}{2} \tag{4-8}$$

即式（4-7）退化成等效应变法的形式。

在单轴加载条件下，式（4-7）可化为式（4-9），即退化成单轴的 Manson-Coffin 方程：

$$\frac{\Delta \varepsilon_{eq}^{cr}}{2} = \frac{\Delta \varepsilon}{2} \tag{4-9}$$

单轴疲劳损伤的主要控制参量为 $\dfrac{\Delta \varepsilon}{2}$，由于多轴比例加载疲劳特性与单轴疲劳情况相一致，因而可用 von Mises 等效应变幅 $\dfrac{\Delta \varepsilon_{eq}}{2}$ 来代替单轴中的 $\dfrac{\Delta \varepsilon}{2}$，得到多轴疲劳损伤累积模型。由此，尚德广等提出式（4-7）可作为一个统一的疲劳损伤准则来描述单轴与多轴疲劳，它既可应用在非比例加载情况，也可用于比例或单轴加载情况。

4.2.3.2　修正的 FS 模型

前面第 1 章 1.2.3.3 中提到 Fatemi 和 Socie 在建立多轴非比例损伤模型（即 FS 模型）时，引入了一个应力相关项以考虑材料非比例加载条件下的附加，即强化效应的影响。但是对于不存在材料非比例附加强化效应的材料，FS 模型，即式（1-12）中的修正系数项 k 对临界面上的最大法向正应力 $\sigma_{n,\max}$ 不产生任何影响。因此，FS 模型不能完全反映非比例加载条件下，加载路径变化对多轴疲劳寿命的影响。为克服 FS 模型的不足，本研究参照 FS 临界面模型，提出了一个新的损伤临界面准则（修正的 FS 模型），用于考虑非比例加载条件下多轴疲劳损伤的评估，其表达式如下：

$$\frac{\Delta\gamma_{\max}}{2}\left(1 + \frac{k^{*}\,\overline{\sigma}_{n,\,\max}}{\sigma_{y}}\right)$$

$$= \left[(1 + v_{e})\frac{\sigma'_{f}}{E}(2N_{f})^{b} + (1 + v_{p})\varepsilon'_{f}(2N_{f})^{c}\right]\left(1 + k\frac{\sigma'_{f}}{2\sigma_{y}}(2N_{f})^{b}\right)$$

$$(4\text{-}10)$$

式中，$\overline{\sigma}_{n,\,\max}$ 为按比例加载条件下 Ramberg-Osgood 方程计算的临界面上的最大法向正应力。式（4-10）中最大剪切应变幅的修正系数采用了本研究提出的非比例影响因子 k^{*}（参见下文介绍），k^{*} 能同时反映非比例加载条件的路径变化和材料附加强化对多轴疲劳损伤的影响，能更好地适用于不同类型材料的多轴非比例疲劳寿命预测。为了验证该疲劳寿命模型的预测效果，文献［133］采用 Q235 钢基材试件和焊材试件进行了几种不同应变加载路径的多轴疲劳试验，并将试验结果结合常用的疲劳临界面寿命预测模型，如 KBM 模型、MKBM 模型、FS 模型，对比分析各个模型计算结果的精度，本研究采用修正后的 FS 模型预测精度更优。

4.2.4　复杂应变路径的简化处理及非比例影响因子的确定

4.2.4.1　复杂应变路径的简化处理方法

结构构件多轴疲劳寿命的降低主要由于多轴非比例循环加载而引起非比例效应所致，这也是使得多轴低周非比例加载的疲劳问题的研究比单轴加载或多轴比例加载下的疲劳问题更复杂的关键原因之一。非比例加载效应主要分为材料非比例效应和应变路径非比例效应两个方面。

1. 关于材料非比例效应的描述

在非比例循环加载过程中，应力-应变主轴随时发生旋转变化，最大剪应变幅所在平面即疲劳破坏临界面也不断旋转，使得材料内部的滑移面不断发生变化，并同时在材料内部开动了更多的滑移系而不能形成稳定的位错结构，导致材料产生附加强化现象，因此，在多轴非比例疲劳研究中，应将材料非比例附加强化效应考虑进去。材料非比例附加强化效应可采用材料非比例附加强化参数 L 表示，该参数与材料循环力学特征相关，通过材性试验确定。材料非比例附加强化参数，可按下式定义①：

$$L = \frac{\overline{\sigma}_{\mathrm{OP}}}{\overline{\sigma}_{\mathrm{IP}}} - 1 \tag{4-11}$$

式中，$\overline{\sigma}_{\mathrm{OP}}$、$\overline{\sigma}_{\mathrm{IP}}$ 分别表示高塑性应变区等应变条件下 90°圆形非比例和比例加载条件下的等效应力。根据本研究对焊接试件进行多轴加载条件下低周疲劳性能试验的结果②，对于 Q235 钢，$L = 0.31$。

　　2. 关于应变路径非比例效应的描述

　　应变路径非比例效应是非比例循环本构与多轴低周疲劳研究领域的热点问题之一。大量的多轴疲劳试验研究表明，加载历史和加载路径在很大程度上影响非比例附加强化效应，进而影响多轴非比例加载条件下的疲劳寿命预测结果。但值得一提的是，在非比例加载条件下，并非所有的金属材料都表现出非比例附加强化特征。③ 文献［137］［138］通过材料的多轴疲劳试验研究指出，材料产生附加强化的必备前提是材料内部具有不同的滑移系，而如果仅仅存在最大剪切应变平面的旋转，并不会有新的、不同的滑移系开动，也就是说不一定产生非比例附加强化现象，但加载路径的变化一定会引起材料一点处应变主轴在循环加载过程中发生不同程度的旋转，导致材料内部开动更多新的、不同的滑移系，由此可

　　①　Socie D F, Marquis G B. Multiaxial fatigue［M］. Warrendale, PA：SAE, 2000.

　　Shamsaei N, Fatemi A. Effect of microstructure and hardness on non-proportional cyclic hardening coefficient and predictions［J］. Materials Science & Engineering A, 2010, 527（12）：3015-3024.

　　Shamsaei N, Fatemi A, Socie D F. Multiaxial fatigue evaluation using discriminating strain paths［J］. International Journal of Fatigue, 2011, 33（4）：597-609.

　　Itoh T, Sakane M, Socie D F, et al. Nonproportional low cycle fatigue criterion for type 304 stainless steel［J］. Journal of Engineering Materials and Technology, 1995, 117（3）：285-292.

　　②　赵而年. 多轴低周疲劳寿命预测与钢框架梁柱节点的地震损伤评估研究［D］. 武汉理工大学, 2017.

　　③　赵而年，瞿伟廉. 一种新的多轴非比例低周疲劳寿命预测临界面模型［J］. 力学学报, 2016, 48（04）：944-952.

见，加载路径发生改变是产生非比例附加强化效应的必备条件。

应变路径非比例效应可用应变路径非比例度，或者非比例路径因子进行定义，几种常用的应变路径非比例效应的定义有 Itoh 模型（1995）、Borodii 模型（2000）、Chen 模型（1996）以及钟波等（2016）提出的模型。

（1）由于 Itoh 模型将加载历程中应变路径长度和主应变方向变化的角度均考虑在内，是 20 世纪 90 年代以来应用最为广泛的一种方法，Itoh 等提出的非比例路径因子的表达式为

$$f_{np} = \frac{1.57}{T\varepsilon_{1,\max}} \int_0^T \left[\left| \sin\xi(t) \left| \varepsilon_1(t) \right] \mathrm{d}t \right. \right. \tag{4-12}$$

式中，$\varepsilon_1(t)$ 为 t 时刻主应变绝对值的最大值；T 为一个循环加载周期；$\varepsilon_{1,\max}$ 为一个加载周期内的 $\varepsilon_1(t)$ 的最大值；$\xi(t)$ 为 $\varepsilon_{1,\max}$ 与 $\varepsilon_1(t)$ 的夹角。

该方法虽然应用最为广泛，但具有一定的局限性，它仅适用于周期的非比例加载路径，在非周期的、变幅循环的非比例加载路径中并不适用。

（2）Borodii 等定义的非比例度 Φ 表示如下：

$$\Phi = \left(\frac{\left| \oint_{L'} \boldsymbol{e} \cdot \mathrm{d}\boldsymbol{e} \right|}{\left| \oint_{L_O} \boldsymbol{e} \cdot \mathrm{d}\boldsymbol{e} \right|} \right)^r \tag{4-13}$$

式中，$\boldsymbol{e}$，$\mathrm{d}\boldsymbol{e}$ 分别为应变向量与应变增量向量；L' 为任意非比例应变路径 L 的等效凸路径；L_O 为任意非比例应变路径 L 的最大圆路径，可由如下参数方程确定：

$$\varepsilon = \varepsilon_m \sin\omega t$$

$$\frac{\gamma}{\sqrt{3}} = \lambda \varepsilon_m \sin(\omega t + \varphi) \tag{4-14}$$

式中，ε，γ 分别为应变向量的轴向分量与剪切分量；ε_m 为非比例应变路径 L 的最大应变幅；$\lambda = 1$，$\varphi = 90°$；t 为时间；指数 r 的表达式为

$$r = \left(1 - \frac{\left| \oint_L \boldsymbol{e} \cdot \mathrm{d}\boldsymbol{e} \right|}{\left| \oint_{L_O} \boldsymbol{e} \cdot \mathrm{d}\boldsymbol{e} \right|} \right) \frac{l}{4\Delta\varepsilon_m} \tag{4-15}$$

式中，$\Delta\varepsilon_m$ 为路径 L 下的最大应变范围；l 为 L 的长度，可用下式进行计算：

$$l = \oint_L \mathrm{d}l \tag{4-16}$$

（3）Chen 等通过分析不同非比例加载路径下材料各平面上最大剪切应变间的关系，定义了一个能反映非比例加载路径变化的非比例路径因子：

$$\Phi = 2\frac{A_{\theta,\,\max}}{A_{\max}} - 1 \tag{4-17}$$

式中，$A_{\max}$ 表示极坐标下一个应变循环内以最大剪切应变幅 $(\Delta\gamma_{\theta,\,\max})_{\max}$ 为半径的圆的面积，$A_{\theta,\,\max}$ 则表示极坐标下一个应变循环内 $\Delta\gamma_{\theta,\,\max} - \theta$ 的包络面积。将非比例路径因子 Φ 与非比例路径参数 λ、ϕ 之间的关系曲线绘制如图4.4所示。

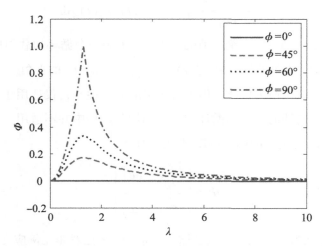

图 4.4　非比例路径因子与非比例路径参数的关系曲线

从图 4.4 可以看出：

①在比例加载条件下，正、剪应变的相位差 $\phi = 0°$，非比例路径因子 Φ 与应变比 λ 无关，Φ 恒为 0；

②在非比例加载条件下，当正、剪应变相位差 ϕ 一定时，随着应变比 λ 的增大，非比例路径因子 Φ 首先逐渐增大到最大值，然后衰减至 0；

③非比例加载的应变路径偏离同相位比例加载路径越远，即 ϕ 值越大，非比例附加强化的程度就越大，由图中曲线可知，当 $\phi = 90°$ 且 $\lambda = 1.5$ 时，非比例路径因子 Φ 达到最大值 1。

因此，可以说，在不同的非比例加载路径下，非比例路径因子 Φ 随着加载路径参数（λ、φ）的变化而变化，但这一变化仅取决于非比例加载路径，而不受材料本身的循环强化特征的影响。

仔细分析式（4-17），当以极坐标下一个应变循环内 $\Delta\gamma_{\theta,\max}-\theta$ 所包络的图形为扁长状时，其面积 $A_{\theta,\max}$ 会比较小，甚至会出现 $2A_{\theta,\max}<A_{\max}$ 的情况，此时 $\varPhi$ 小于零，而这种情况不符合实际。因此，Chen 等的模型在运用上也存在一定的局限性。

（4）钟波综合考虑了 Itoh 模型及 Borodii 模型的优缺点，提出一种新的非比例度定义，适用于任意非比例应变加载路径，其中涉及参数如图 4.5 所示。对于任意应变加载路径 L（如图 4.5 中细实线所示），可用 L 的包络线（如图 4.5 中虚线所示）等效凸路径 L' 表示，等效凸路径包络线对任意应变加载路径尤其是非周期的变幅加载路径进行了一定的简化，且能在最大限度上反映任意应变加载路径的非比例加载特征，可操作性强，工程应用简便。L_o 为任意加载路径下的最大圆路径，在 $\varepsilon-\dfrac{\gamma}{\sqrt{3}}$ 坐标系下确定任意应变路径的最大弦长，以此作为最大圆路径的直径。

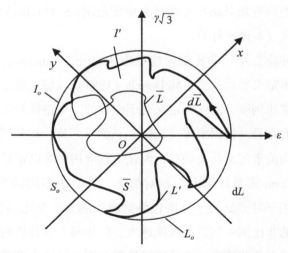

图 4.5　任意应变加载路径及其包络路径示意图

在该模型的非比例度定义中，将同相位比例加载路径设定为 x 轴，反相位比例加载路径设定为 y 轴。认为等效凸路径 L' 所围成的区域 S' 内任意一点对非比例附加强化效应均有贡献，其贡献的大小参考材料力学惯性矩的物理意义来描述，即对区域 S' 进行积分：

$$I' = \int_{S'} y^2 \mathrm{d}S' \tag{4-18}$$

式中，y 表示区域 S' 内任意一点到 x 轴的距离；I' 为等效凸路径 L' 对 x 轴的惯性矩。

同理，非比例附加强化程度最大的圆路径 L_O 所包围的区域 S_O 内任意一点对非比例附加强化均有贡献，则最大圆路径 L_O 对 x 轴的惯性矩表示为

$$I_O = \int_{S_O} y^2 \mathrm{d}S_O \tag{4-19}$$

参考 Borodii 模型的定义，非比例度 Φ 的表达式如下：

$$\Phi = \left(\frac{I'}{I_O}\right)^h \tag{4-20}$$

该模型考虑了不同应变加载路径下可能存在相同等效凸路径的情况，引入了参数 h，使模型更全面、合理化，其计算方法如下：

$$h = \left(1 - \frac{S}{S_O}\right) \cdot \frac{L_{\mathrm{cyc}}}{4\Delta r_{\max}} \tag{4-21}$$

式中，$\Delta r_{\max}$ 为任意应变加载路径 L 的最大应变范围；S 为 L 围成的面积；L_{cyc} 为 L 的长度，可采用式（4-16）计算。

除了上述 4 种应变路径非比例效应的定义之外，Kanazawa 等（1997）以最大剪切应变比值来定义非比例度，McDowell（1984）以塑性应变在最大塑性应变方向的投影定义非比例度，而这些定义对于少数的应变路径是适用的，并不能应用于其他的任意的路径。何国求等（2003）从微观角度，以位错自由运动间距和位错密度统计平均值来定义非比例度，但在工程应用中难以定量计算。

综上所述，Chen 模型计算方法相对简单，且对于不同的非比例加载路径，当最大剪应变幅相等时，$\Delta\gamma_{\theta,\max}-\theta$ 所包络的面积越大，非比例路径因子 Φ 就越大，即应变路径的非比例附加强化程度越大。但如同上述分析的，该模型受计算参数约束而造成了在某些情形下的计算结果不合理。钟波模型采用了等效凸路径来等效对待周期的或非周期的、变幅的应变加载路径，即在任意的应变加载路径中均可以运用，并且不再用等效凸路径的面积来计算应变路径对非比例程度的影响，取而代之的是惯性矩，这样就使得应变路径的非比例影响程度有了较为明确的物理意义，同时还参考了 Borodii 模型的计算方法采用指数模型，避免了 Chen

模型计算方法可能会出现的不符合实际的情形。由此可知，钟波提出的非比例度模型可以简化处理复杂的，或者说非周期的、变幅的加载路径，该模型对简单的比例加载条件下非比例度同样适用。

基于此，本章在对试验的应变数据处理时，基于钟波模型，借助 MATLAB 编程进行处理，而对于钟波模型中提到的任意应变加载路径采用等效凸路径简化代替，则采用 MATLAB 中的凸包方法来处理，该方法简单、可操作性强。凸包的平面邻域中任意两点所连成的线段上所有点都在该邻域中，该邻域具有凸性，其含义对应钟波模型中的等效凸路径。

4.2.4.2 非比例影响因子的确定

在上一小节中提到，在非比例加载条件下，并非所有的金属材料都表现出非比例附加强化特征。在非比例循环本构关系中，当非比例加载条件下材料的循环应力-应变曲线高于比例加载条件下的循环应力-应变曲线时，表明材料具有非比例附加强化效应；反之，表明材料不具有非比例附加强化效应。

在单轴加载条件下，金属材料的循环应力-应变关系曲线可以通过 Ramberg-Osgood 方程描述：

$$\frac{\Delta \varepsilon_{eq}}{2} = \frac{\Delta \sigma_{eq}}{2E} + \left(\frac{\Delta \sigma_{eq}}{2K'}\right)^{\frac{1}{n'}} \tag{4-22}$$

式中，K' 为循环强化系数；n' 为循环强化指数；$\dfrac{\Delta \varepsilon_{eq}}{2}$、$\dfrac{\Delta \sigma_{eq}}{2}$ 分别为 von Mises 等效应变幅和等效应力幅。

对于具有非比例附加强化效应的材料，Wang 和 Brown 等（1993）经过研究，建议采用能反映材料非比例附加强化效应的系数 K'_{OP} 代替式（4-22）中的材料循环强度系数 K'，K'_{OP} 运用材料的非比例附加强化参数和非比例路径因子（即应变路径非比例度）通过组合对 K' 进行修正，表示如下：

$$K'_{OP} = (1 + L \cdot \Phi) K' \tag{4-23}$$

式中，K'_{OP} 为非比例加载条件下的循环强化系数；L 为依赖于材料的非比例附加强化参数，由式（4-11）确定；Φ 为非比例路径因子，即应变路径非比例度，由公式（4-20）确定。单轴的循环应力-应变方程可修正为如下式：

$$\frac{\Delta\varepsilon_{eq}}{2} = \frac{\Delta\sigma_{eq}}{2E} + \left[\frac{\Delta\sigma_{eq}}{2K'(1 + L \cdot \Phi)}\right]^{\frac{1}{n'}} \tag{4-24}$$

对式（4-22）和式（4-24）进行分析发现，对具有明显非比例附加强化效应的材料，利用 Wang 和 Brown 修正的式（4-24）计算的应力参量能同时反映非比例加载路径及材料非比例附加强化的影响；但对不具有明显非比例附加强化效应的材料，其材料非比例附加强化参数 $L=0$，则 $L \cdot \Phi$ 恒为 0，式（4-23）中，K'_{OP} 与 K' 相等，此时利用式（4-24）计算的应力参量与式（4-22）得出的计算结果相同，也就是说，运用修正式（4-24）计算应力参量时，如果材料不具有非比例附加强化效应，会导致加载路径的非比例效应被忽略，该公式只对具有非比例附加强化效应的材料才适用。

多轴疲劳损伤评估模型中的 FS 模型为了考虑非比例加载条件对多轴疲劳损伤的影响，通过引入最大剪切应变幅所在平面的最大法向正应力参量 $\sigma_{n, \max}$ 乘以修正系数 k 来表示，即最大剪切应变幅的修正系数 $1 + k\dfrac{\sigma_{n, \max}}{\sigma_y}$。但临界面上的最大法向正应力 $\sigma_{n, \max}$ 是通过修正的 Ramberg-Osgood 式即公式（4-24）计算得到，那么非比例效应面临的也是上述同样的问题，由此可见，FS 模型不能完全反映非比例加载条件下，由于加载路径变化引起的多轴疲劳损伤程度值。

针对上述非比例循环本构关系及非比例多轴疲劳损伤参量不能完全反映应变加载路径对非比例附加强化效应的影响这一现象，本研究在已有多轴疲劳临界面法理论研究工作基础上，提出了一个非比例影响因子 k^* 的计算方法，这个因子既可考虑不同类型材料的非比例附加强化效应，又能考虑非比例加载路径变化对多轴疲劳寿命评估的影响，该非比例影响因子表示如下①：

$$\kappa^* = 1 + \sqrt{\Phi^2 + (L \cdot \Phi)^2} = 1 + \Phi\sqrt{1 + L^2} \tag{4-25}$$

式中，Φ 和 L 的含义如前所述。

由式（4-25）可以看出，对于不具有材料非比例附加强化效应的材料，虽然 $L=0$，但是并未因此忽略了应变加载路径对非比例附加强化效应的影响；而对于具有材料非比例附加强化效应的材料，可以通过该计算方法叠加考虑材料非比例

---

① 赵而年. 多轴低周疲劳寿命预测与钢框架梁柱节点的地震损伤评估研究［D］. 武汉理工大学，2017.

效应和应变路径非比例效应的综合影响。由此可见，采用非比例影响因子 k^* 修正 FS 模型能更好地描述多轴非比例加载条件下的附加强化效应。

4.2.5　疲劳累积损伤准则

疲劳损伤是循环往复荷载作用下材料性能不断劣化的不可逆过程，是损伤逐渐累积的过程。一般情况下，大部分构件实际上承受着变幅循环载荷作用，因此研究在变幅疲劳载荷作用下疲劳损伤的累积规律和疲劳破坏的准则，对于疲劳寿命预测而言十分重要。

构件在某恒幅应力 S 作用下，循环至破坏的寿命为 N，则可定义其经受 n 次循环时的损伤为 $D = \dfrac{n}{N}$；构件在应力水平 S_i 作用下，经受 n_i 次循环的损伤为 $D = \dfrac{n_i}{N_i}$。若构件在 k 个应力水平 S_i 作用下，各经受 n_i 次循环，则可定义其总损伤为：

$$D = \sum_1^k D_i = \sum_1^k \frac{n_i}{N_i}, \quad i = 1, 2, \cdots, k \tag{4-26}$$

破坏准则为式（4-26）中 $D = 1$，这就是最简单、最著名、使用最广泛的 Miner 线性累积损伤准则。许多试验统计事实表明，Miner 理论较好地预测了工程结构在随机载荷作用下的均值寿命。

因此本章在计算梁柱节点焊缝区疲劳累积损伤时，采用 Miner 线性疲劳累积损伤准则，并定义疲劳裂纹萌生时，损伤值 $D = 1$。

4.3　梁柱节点试验的疲劳损伤分析

根据图 4.1 钢框架梁柱焊接节点焊缝区的超低周疲劳损伤评估分析基本流程，对箱形柱-工字梁焊接节点试验采集到的应变数据进行整理，按照流程所示进行梁柱焊接节点的疲劳损伤分析。由于应变花（片）量程有限，在试验加载过程中，当节点焊缝区进入屈服阶段后半段甚至进入流动强化阶段时，贴于焊缝区的应变花（片）超过其量程范围，动态信号采集系统采集的数据将会溢出，对此，本研究在已采集到的应变数据基础上，通过对数据分析拟合，补充完整溢出部分的应变数据后再进行疲劳损伤分析计算。

4.3.1　梁柱节点焊缝区危险点的应变响应

依据第 3 章梁柱焊接节点试验现象描述可知，在大位移循环往复加载作用下，梁柱焊接节点的梁翼缘焊根处是疲劳破坏危险点。通过在梁翼缘端部焊根附近贴 3 个应变花，采集 9 个应变测点的数据，利用弹性力学关于空间任意一点应变状态表示方法，进行变换后得到焊根单元的 3 个正应变和 3 个剪应变。

由于每个节点焊缝区的裂纹起源位置相同，若选取所有的焊缝危险点进行应变状态分析，则会显得繁冗而重复，因此，本研究只选取具有代表性的焊缝位置进行分析。节点试件 2 为恒位移幅循环加载，在试验过程中，观察到该试件西北下翼缘（NWB）焊缝区焊根处裂纹萌生时刻大约为第 8 周，现将该焊根位置在前 1100s 内（前 8 周的循环应变被包含在该时段内）对应的应变响应时程曲线绘制如图 4.6 所示。

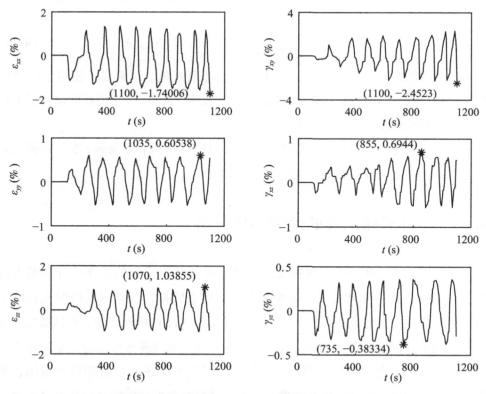

图 4.6　试件 2 西北下翼缘（NWB_2）焊根单元的 6 个应变响应

从图 4.6 可以明显看出，6 个应变分量的大小并不是成某一个固定比例发生变化，也不是在同一时刻到达峰值（谷值），应变之间存在一定的相位差，即应变响应具有非比例特征。

节点试件 3 为变位移幅循环加载，在循环至第 22 周时，观察到东北下翼缘（NEB）和西北上翼缘（NWT）垫板出现裂纹，为了对比节点东西两侧梁的焊缝区损伤，将这两个焊缝位置前 2500s 内（前 22 周的循环应变被包含在该时段内）对应的应变响应时程曲线分别如图 4.7、图 4.8 所示。从这两个图中可以看出，6 个应变分量的大小并不是成某一个固定比例发生变化，也不是在同一时刻到达各自的峰值（谷值），这与图 4.6 的表现形式相同。

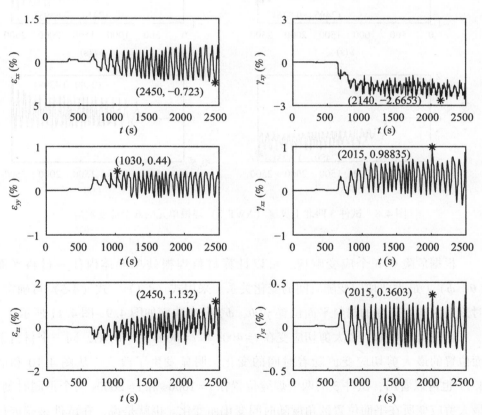

图 4.7　试件 3 东北下翼缘（NEB_3）焊根单元的 6 个应变响应

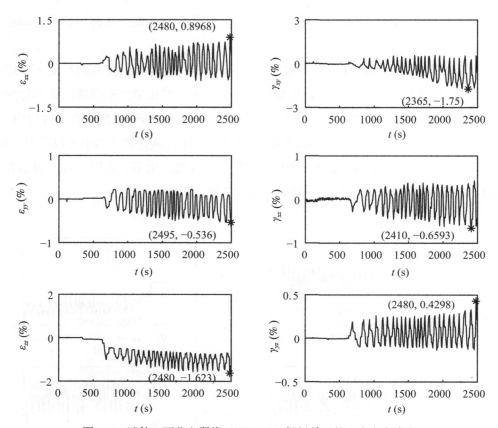

图 4.8 试件 3 西北上翼缘 （NWT_3） 焊根单元的 6 个应变响应

　　根据危险点 6 个应变响应，可以计算材料焊根处单元体内任一材料平面 (θ, ϕ) 上最大剪切应变随时间的变化关系。采用式 （4-1）～式 （4-5） 可确定 t 时刻最大剪切应变的材料平面位置 $\gamma(\theta, \phi)$ 分布曲面如图 4.9～图 4.11 所示。

　　由图 4.9 可知，最大剪切应变在 $t=400\text{s}$ 和 $t=800\text{s}$ 两个时刻，同一个材料平面位置的最大剪切应变值随着时间的变化，明显发生了改变。从图 4.10 和图 4.11 也可以看出，试件 3 的两个焊缝位置在 $t=1000\text{s}$ 和 $t=2000\text{s}$ 两个不同时刻，最大剪应变所在平面位置的角度随时间变化而变化。也就是说，在试件梁端进行位移控制加载时，焊缝区易起裂点的最大剪切应变所在平面不断发生改变，即不同时刻的临界平面位置不同。

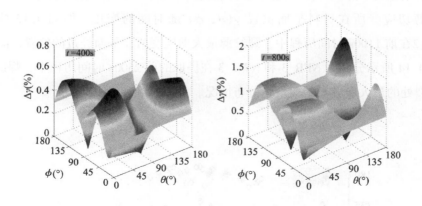

图 4.9　NWB_2 不同时刻任一材料平面最大剪切应变分布曲面

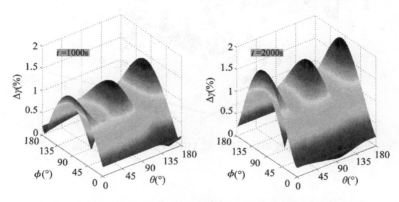

图 4.10　NEB_3 不同时刻任一材料平面最大剪切应变分布曲面

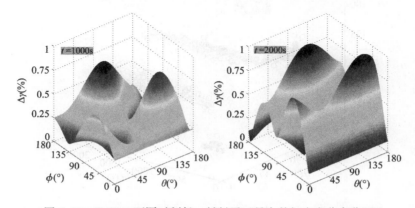

图 4.11　NWT_3 不同时刻任一材料平面最大剪切应变分布曲面

　　根据相关节点试件提取的加载时间历程，绘制了相应时段内焊缝易起裂处的最大剪切应变所在材料平面位置 $\gamma(\theta, \phi)$ 随时间的变化。如图 4.12 所示为 NWB_2 在前 1100s 时间历程中，裂纹源最大剪应变所在平面经过的位置，图 4.13 和图 4.14 所示分别为 NEB_3 和 NWT_3 在提取的前 2500s 时间历程中，焊缝位置易起裂处的最大剪应变平面位置分布情况。

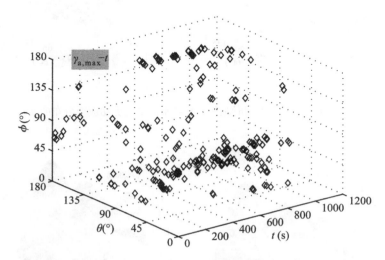

图 4.12　NWB_2 在加载历程的前 1100s 最大剪切应变平面位置变化

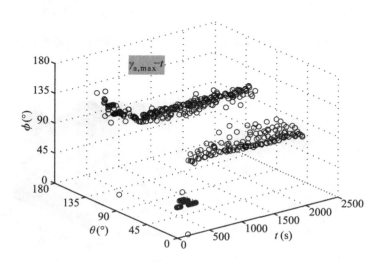

图 4.13　NEB_3 在加载历程的前 2500s 最大剪切应变平面位置变化

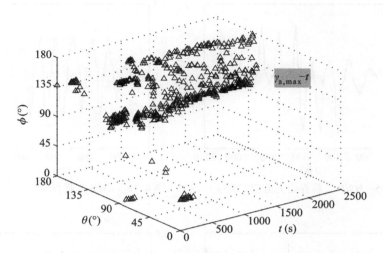

图 4.14　NWT_3 在加载历程的前 2500s 最大剪切应变平面位置变化

从图 4.12~图 4.14 可以看出，随时间的变化，NWB_2、NEB_3、NWT_3 最大剪切应变所在平面分布均具有分散性，换句话说，确定最大剪切应变位置的两个参数 θ 和 ϕ 在所示的加载时间历程中，对应于不同的时刻，其值不一样，说明最大剪切应变平面位置不固定。

综上所述，从应变状态定义出发，可认为在节点试验采取的位移循环往复加载作用下，焊缝区疲劳危险点处于多轴非比例状态。

4.3.2　焊缝危险点的疲劳破坏临界面

根据试验现象描述，梁柱焊接节点试件 2 在前 1100s 内，于 NWB 观察到疲劳裂纹萌生，而对于节点试件 3，NEB 和 NWT 的疲劳裂纹萌生时刻是在前 2500s 的加载时间历程中。

根据 4.2.1 多轴疲劳破坏临界面的确定方法，基于 MATLAB 程序设计，利用权值平均化处理的方法，分别计算得到 NWB_2、NEB_3 和 NWT_3 的危险点在相应加载时间历程中疲劳破坏临界面角度分别为 $(\theta, \phi) = (86°, 73°)$，$(\theta, \phi) = (96°, 91°)$，$(\theta, \phi) = (127°, 121°)$。将疲劳破坏临界面角度分别代入式 (4-5)，计算得到临界面上最大剪应变响应时程曲线以及在最大剪应变平面上的正应变响应时程曲线，如图 4.15~图 4.20 所示。

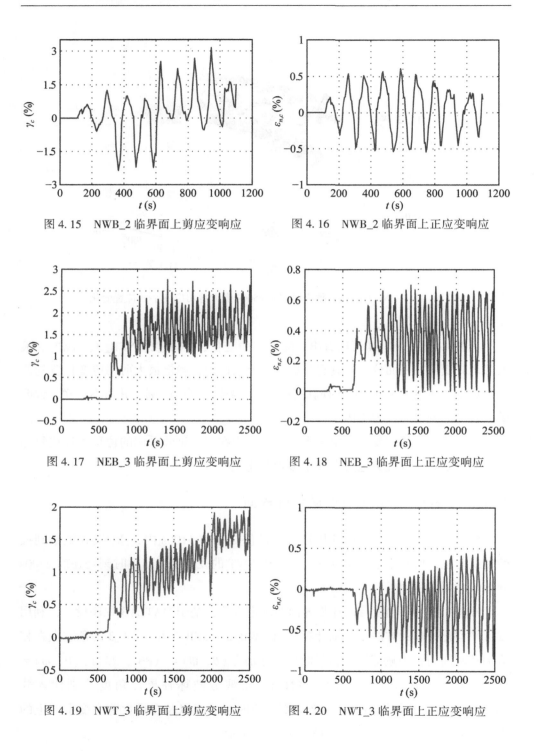

图 4.15　NWB_2 临界面上剪应变响应

图 4.16　NWB_2 临界面上正应变响应

图 4.17　NEB_3 临界面上剪应变响应

图 4.18　NEB_3 临界面上正应变响应

图 4.19　NWT_3 临界面上剪应变响应

图 4.20　NWT_3 临界面上正应变响应

4.3.3　临界面上正、剪应变响应的循环雨流计数结果

本节点试验在梁自由端的加载工况主要采用恒位移幅控制和变位移幅控制的循环荷载，然而根据焊缝区采集到的焊根 6 个应变响应时程曲线，得出 3 个节点试件的焊缝区均处于多轴非比例应变状态的结论，焊根单元应变具有非周期性的特征，由 6 个应变响应经坐标变换得到的临界面上的正、剪应变响应曲线也具有一定的非周期性特征。

由此，在循环雨流计数时可采用 4.2.2 节中介绍的双重雨流计数方法。即对于 NWB_2、NEB_3 和 NWT_3 而言，分别在选取的加载时间历程中对临界面上的正、剪应变进行双重循环雨流计数。具体实施时，先统计临界面上剪应变的循环个数、应变幅及应变均值，并确定每个剪应变循环的折返点，然后在折返点之间对临界面上的法向正应变统计最大正应变范围及正应变均值，分别如图 4.21～图 4.23 所示。通过循环雨流计数得到的参数可作为下一步进行疲劳寿命估算的疲劳损伤参量使用。

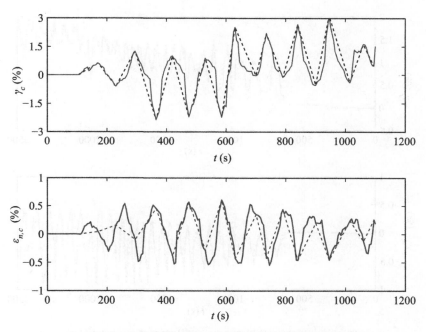

图 4.21　NWB_2 临界面上正、剪应变双重循环雨流计数

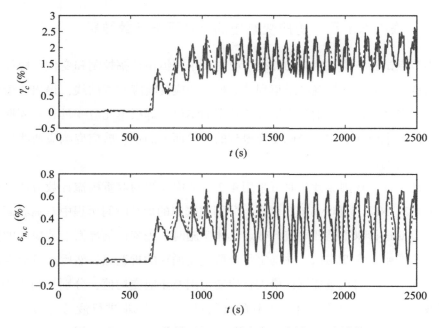

图 4.22　NEB_3 临界面上正、剪应变双重循环雨流计数

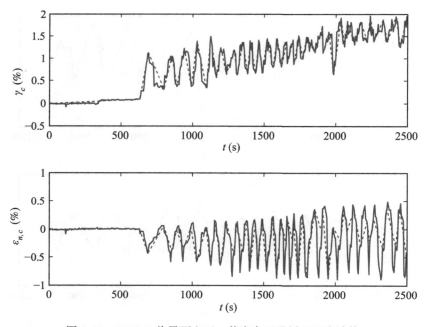

图 4.23　NWT_3 临界面上正、剪应变双重循环雨流计数

按循环雨流计数方法进行统计，NWB_2 的计数结果如表 4.1 所示，表中循环数的值为 1 表示全循环，值为 0.5 表示半循环；M_γ 为临界面上的剪应变均值；$\Delta\gamma$ 为临界面上的剪应变变程；M_ε 为剪应变循环折返点之间统计的正应变均值；$\Delta\varepsilon$ 为剪应变循环折返点之间统计的最大正应变范围。

表 4.1　　　　　　　NWB_2 临界面上正、剪应变循环雨流计数汇总表

个数	循环数	M_γ(%)	$\Delta\gamma$(%)	M_ε(%)	$\Delta\varepsilon$(%)
1	0.5	0.311026	0.622408	0.102318	0.217569
2	0.5	0.0149855	1.21449	−0.07448	0.465991
3	0.5	0.32991	1.84434	0.220915	0.636
4	0.5	−0.5557	3.61556	0.01509	0.997263
5	1	−0.60909	3.23508	0.03512	1.144744
6	1	−0.662328	3.10254	0.141659	0.855743
7	1	1.09227	2.24082	−0.03551	0.771647
8	1	1.20526	2.64228	−0.00706	1.072557
9	1	1.07013	3.19876	−0.06797	0.775517
10	0.5	0.390535	5.50803	0.032078	1.150827
11	0.5	1.37465	3.5398	−0.10587	0.693131
12	0.5	0.617375	2.02525	0.076209	0.400422
13	0.5	1.05633	1.14734	−0.03933	0.594464
14	0.5	1.00771	1.0501	0.221689	0.072419

由表 4.1 可知，NWB_2 在提取的加载历程中，雨流计数个数为 14 个，总循环次数为 10.5 周，将 NWB_2 的循环计数统计变幅荷载谱绘制如图 4.24 所示。

按照同样方法，将 NEB_3、NWT_3 的循环雨流计数统计的变幅荷载谱结果分别绘制如图 4.25、图 4.26 所示，详细过程不再赘述。

由图 4.25 及图 4.26 可知，NEB_3、NWT_3 的循环雨流计数统计个数分别为 28 个、26 个，总循环数均为 24.5 个循环周次。

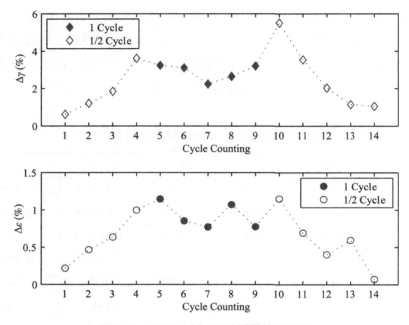

图 4.24　NWB_2 循环雨流计数统计结果

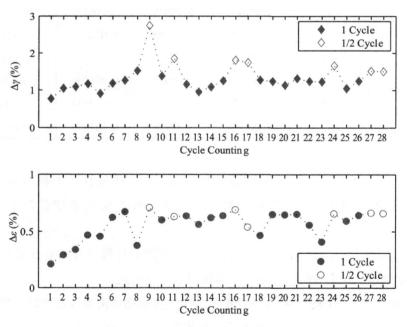

图 4.25　NEB_3 循环雨流计数统计结果

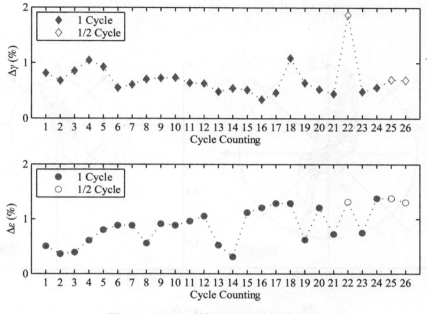

图 4.26　NWT_3 循环雨流计数统计结果

4.3.4　焊缝危险点的非比例影响因子

采用钟波提出的应变路径非比例度定义模型，结合式（4-18）～式（4-21）计算试件 2 和试件 3 的三个代表性焊缝疲劳危险点在荷载作用下疲劳破坏临界面上剪应变与正应变的非比例路径效应。

它们在 $\varepsilon\text{-}\gamma/\sqrt{3}$ 坐标系下临界面上的应变路径及等效凸路径（凸包）如图 4.27 所示。图中 L 表示各个危险点临界面上的应变路径，L' 表示该应变路径的等效凸路径（采用 MATLAB 程序的凸包处理），L_0 表示以临界面上应变路径的最大弦长为直径的圆路径，x 轴为同相位比例加载路径，y 轴为反相位比例加载路径，虚线为原坐标位置。

由图中可以看出，3 个焊缝危险点临界面上的应变路径具有很强的随机性，即加载路径在不断发生变化，应变路径采用等效凸路径包络，能最大限度并贴切地反映应变变化路线，加上采用惯性矩的含义来计算凸包内任意一点对新 x 轴的惯性矩，表示该点对同相位比例加载路径的偏离程度，也就是该点应变加载路径

113

的非比例贡献大小。这种方法既具合理性，又因为 MATLAB 程序中自带凸包计算方法，而具有较强的可操作性，便于推广应用。

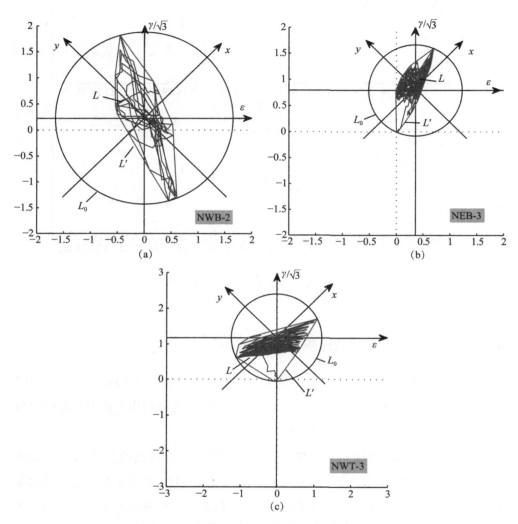

图 4.27　临界面上的应变路径及等效凸路径

通过式（4-20）计算的 3 个危险点的应变路径非比例度 Φ 如表 4.2 所示。上述提到钢框架节点使用的材料为 Q235 钢，其材料非比例强化参数 L 取 0.31，据此，将相应参数的值代入式（4-25）分别计算，则得到 NWB_2、NEB_3 及 NWT_3 的焊缝区疲劳危险点在多轴非比例条件下，同时考虑应变路径非比例效应和材料非比例效应综合影响的非比例影响因子 k^* 如表 4.2 所示。

表 4.2 各焊缝危险点的非比例影响因子

焊缝危险点	应变路径非比例度 Φ	材料非比例强化参数 L	非比例影响因子 k^*
NWB_2	0.4425	0.31	1.4425
NEB_3	0.2713	0.31	1.2841
NWT_3	0.5025	0.31	1.5261

4.4 梁柱节点焊缝的超低周疲劳损伤评估

4.4.1 疲劳损伤估算结果

依据循环雨流计数编制的变幅荷载谱，按式（4-7）计算 SW 模型的统一多轴疲劳损伤参量，修正的 FS 模型损伤参量中 $\bar{\sigma}_{n, \max}$ 为按比例加载条件下 Ramberg-Osgood 方程计算的临界面上的最大法向正应力，而 Ramberg-Osgood 方程中循环特征参数 K' 与 n' 的取值，拟采用第 2 章两类焊接节点构造细节 CLG 试件及 PB 试件的疲劳试验结果（见表 2.5）。

将计算得到的疲劳损伤参量结合疲劳寿命预测模型，分别计算不同应变幅下的疲劳寿命 N_i，公式中涉及的 Q235 钢材料力学参数见表 4.3，两类疲劳寿命预测模型的疲劳性能参数均分别采用 CLG 和 PB 两类焊接试件的疲劳试验结果（见表 2.5）代入计算，以评价两类焊接构造细节疲劳性能参数对箱形柱节点焊缝裂纹萌生寿命估算的适用性。

表 4.3 寿命预测模型的相关参数

E（GPa）	σ_y（MPa）	v_e	v_p
200	235	0.3	0.5

115

将模型参数代入计算疲劳寿命后，按 Miner 线性疲劳累积损伤准则确定加载时间历程内各焊缝区疲劳危险点的疲劳损伤程度如下，以 NWB_2 为例，NEB_3 及 NWT_3 的疲劳损伤计算方法相同，这里不再赘述。

SW 模型——CLG 疲劳性能参数：

$$D_{\text{cyclic}} = \sum_{i=1}^{14} \frac{n_i}{N_i} = 0.5 \times \frac{1}{8368} + 0.5 \times \frac{1}{362} + 0.5 \times \frac{1}{83} + 0.5 \times \frac{1}{9} + 1 \times \frac{1}{12} + 1 \times \frac{1}{16}$$

$$+ 1 \times \frac{1}{42} + 1 \times \frac{1}{20} + 1 \times \frac{1}{16} + 0.5 \times \frac{1}{3} + 0.5 \times \frac{1}{12} + 0.5 \times \frac{1}{83} + 0.5$$

$$\times \frac{1}{276} + 0.5 \times \frac{1}{1293} = 0.5617$$

SW 模型——PB 疲劳性能参数：

$$D_{\text{cyclic}} = \sum_{i=1}^{14} \frac{n_i}{N_i} = 0.5 \times \frac{1}{951} + 0.5 \times \frac{1}{160} + 0.5 \times \frac{1}{71} + 0.5 \times \frac{1}{22} + 1 \times \frac{1}{24} + 1 \times \frac{1}{29}$$

$$+ 1 \times \frac{1}{49} + 1 \times \frac{1}{33} + 1 \times \frac{1}{29} + 0.5 \times \frac{1}{12} + 0.5 \times \frac{1}{25} + 0.5 \times \frac{1}{71}$$

$$+ 0.5 \times \frac{1}{137} + 0.5 \times \frac{1}{325} = 0.2687$$

修正的 FS 模型——CLG 疲劳性能参数：

$$D_{\text{cyclic}} = \sum_{i=1}^{14} \frac{n_i}{N_i} = 0.5 \times \frac{1}{1831} + 0.5 \times \frac{1}{89} + 0.5 \times \frac{1}{20} + 0.5 \times \frac{1}{4} + 1 \times \frac{1}{4} + 1 \times \frac{1}{5}$$

$$+ 1 \times \frac{1}{12} + 1 \times \frac{1}{7} + 1 \times \frac{1}{5} + 0.5 \times \frac{1}{2} + 0.5 \times \frac{1}{5} + 0.5 \times \frac{1}{22}$$

$$+ 0.5 \times \frac{1}{89} + 0.5 \times \frac{1}{1021} = 1.4109$$

修正的 FS 模型——PB 疲劳性能参数：

$$D_{\text{cyclic}} = \sum_{i=1}^{14} \frac{n_i}{N_i} = 0.5 \times \frac{1}{362} + 0.5 \times \frac{1}{68} + 0.5 \times \frac{1}{31} + 0.5 \times \frac{1}{10} + 1 \times \frac{1}{11} + 1 \times \frac{1}{13}$$

$$+ 1 \times \frac{1}{21} + 1 \times \frac{1}{15} + 1 \times \frac{1}{13} + 0.5 \times \frac{1}{5} + 0.5 \times \frac{1}{11} + 0.5 \times \frac{1}{31}$$

$$+ 0.5 \times \frac{1}{68} + 0.5 \times \frac{1}{288} = 0.6046$$

4.4.2 损伤模型及疲劳性能参数分析

为了评价焊缝区疲劳危险点的疲劳损伤累积效应，本研究计算了出现可见裂纹循环周次之前不同时间段内引起的疲劳累积损伤值，如表4.4~表4.6所示。

表4.4　　　　　　　　　　**NWB_2不同时段的疲劳损伤累积效应**

寿命预测模型	疲劳性能参数	循环加载作用时间段（cycle）					
		3	4	5	6	7	8
SW模型	CLG	0.1464	0.2089	0.2327	0.2827	0.3452	0.5535
	PB	0.0751	0.1096	0.1300	0.1603	0.1948	0.2564
修正FS模型	CLG	0.4059	0.6059	0.6892	0.8321	1.0321	1.3821
	PB	0.1658	0.2427	0.2903	0.3570	0.4339	0.5794

表4.5　　　　　　　　　　**NEB_3不同时段的疲劳损伤累积效应**

寿命预测模型	疲劳性能参数	循环加载作用时间段（cycle）					
		2	6	10	14	18	21	22
SW模型	CLG	0.0147	0.1031	0.2676	0.3025	0.5700	0.6040	0.6260
	PB	0.0110	0.0513	0.1395	0.1861	0.2518	0.2930	0.3046
修正FS模型	CLG	0.0209	0.1375	0.5407	0.7087	0.9583	1.0985	1.1485
	PB	0.0251	0.1137	0.2805	0.3914	0.5261	0.6130	0.6347

表4.6　　　　　　　　　　**NWT_3不同时段的疲劳损伤累积效应**

寿命预测模型	疲劳性能参数	循环加载作用时间段（cycle）					
		2	6	10	14	18	21	22
SW模型	CLG	0.0238	0.1810	0.3083	0.3743	0.5062	0.5643	0.6098
	PB	0.0136	0.0915	0.1499	0.1931	0.2656	0.2883	0.3187
修正FS模型	CLG	0.0770	0.3758	0.5562	0.6585	0.9067	0.9736	1.4736
	PB	0.0521	0.1931	0.3045	0.3826	0.4903	0.5460	0.6174

从以上 NWB_2、NEB_3、NWT_3 焊缝危险点疲劳损伤计算结果来看：

（1）采用相同的疲劳性能参数进行损伤计算，SW 模型的损伤结果较修正的 FS 模型损伤结果要小许多，结合第 3 章节点循环加载试验观察到的焊缝区出现 2mm 可见裂纹萌生循环周次进行分析，说明对于箱形柱节点而言，采用 SW 模型计算损伤偏于危险估计。

（2）对于同一个疲劳损伤评估模型而言，采用 CLG 焊接试件疲劳性能参数计算的疲劳损伤值较采用 PB 焊接试件疲劳性能参数计算的疲劳损伤值大许多，且计算结果更接近梁柱节点试验结果。究其原因，是因为 CLG 焊接试件与箱形柱节点焊缝局部构造在几何形状、受力特征等方面相似，而 PB 焊接试件的对接焊缝在受力特点上与箱形柱节点区别较大。说明对于箱形柱节点而言，采用 CLG 焊接试件疲劳性能参数进行疲劳损伤估算得出的评价结果更理想。

（3）对于采用 CLG 焊接试件疲劳性能参数的修正 FS 模型而言，NWB_2 于第 7 周时损伤 $D=1.0321$，根据 Miner 疲劳累积损伤准则，当 $D=1$ 时，认为疲劳裂纹萌生，则说明在第 7 周时梁柱节点焊缝开始萌生微裂纹，只是此时肉眼难以观察。而在第 3 章试验现象描述中提到 NWB_2 大约于第 8 周观察到 2mm 可见裂纹萌生，并认为第 8 周是焊缝裂纹萌生时刻，而其损伤估算值 $D=1.3821$，明显大于 1，但这一说法并不矛盾。在工程中，从实际运用角度出发，为便于观察通常定义出现 2mm 裂纹时刻为裂纹萌生时刻，且理论计算误差仅为 1 个循环周次，在可接受的范围内。又如表 4.6 中 NWT_3 用 CLG 疲劳性能参数代入修正的 FS 模型，在第 21 周时损伤 $D=0.9736$，该值非常接近 1，在第 22 周时损伤超过了 1，在试验过程中于第 22 周观察到可见裂纹，再比如 NEB_3 也是如此，这说明损伤模型的计算能理想地反映试验结果。

综上所述，对于箱形柱焊接节点焊缝疲劳损伤评估而言，建议采用基于十字形承载焊缝 CLG 试件的疲劳性能参数，结合修正的多轴疲劳寿命预测 FS 模型进行疲劳裂纹萌生寿命估算并进行损伤评估，可以得到较为理想的评价结果。

4.4.3　节点焊缝损伤评估的影响因素分析

根据上节所述，从疲劳损伤结果比较分析得知，关于疲劳寿命预测模型中疲劳性能参数的采用，CLG 焊接试件优于 PB 焊接试件。这是由于在箱形柱与工字梁焊接连接处，局部焊接构造细节的形式与十字形承载焊缝构造细节（即 CLG 焊接试件）在几何形状、受力特征方面具有相同之处，采用 CLG 焊接试件进行低周疲劳试验得到的疲劳性能参数更接近箱形柱节点焊缝的疲劳特征。由此说明，正确选用焊接构造细节疲劳性能参数至关重要。

为了分析加载制度对疲劳损伤估算的影响，基于 CLG 疲劳性能参数的修正 FS 模型计算结果，如图 4.28 所示，为具有不同加载制度的 3 个焊缝危险点在出现可见裂纹循环周次之前不同时间段内引起的疲劳累积损伤结果。

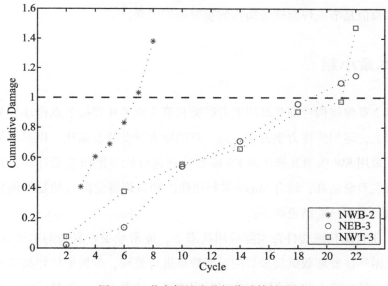

图 4.28　节点焊缝疲劳损伤计算结果

由图 4.28 可知：

（1）随着加载循环作用次数增加，各焊缝危险点由于循环加载引起的疲劳损伤累积也随之增加。

（2）节点试件 3 东西两侧梁翼缘焊缝区疲劳危险点（NEB_3，NWT_3）的疲劳损伤累积效应相差较大。在相同的时间加载历程中，西侧梁翼缘焊缝区疲劳危险点 NWT_3 的疲劳累积损伤总是大于东侧梁翼缘焊缝区疲劳危险点 NEB_3 的累积损伤值。根据第 3 章试验现象描述，NWT 裂纹长度比 NEB 裂纹长度稍长，结合损伤破坏机理分析可知，这是由于西边梁自由端荷载降大于东边梁自由端荷载降所致。荷载降的大小与节点焊缝开裂密切相关：荷载降越大，焊缝区内材料的累积损伤劣化越严重，焊缝开裂越早，裂纹长度也越长。

（3）对比 NWB_2 与 NEB_3、NWT_3 的疲劳损伤累积值，节点试件 2 疲劳危险点的损伤累积效应比节点试件 3 疲劳危险点更明显。分析所讨论的节点焊缝危险点所处的时间历程对应的加载位移幅值可知，节点试件 2 采用的循环位移幅值为 17mm，而节点试件 3 此时经历加载制度的第一个阶段，循环位移幅值为 14mm。这就说明了加载位移幅值对节点焊缝的损伤影响比较明显。

综上所述，正确选用焊接构造细节疲劳性能参数、加载次数、荷载降大小、加载位移幅值是节点焊缝疲劳损伤的重要影响因素。

4.5　本章小结

在第 2 章焊接构造细节低周疲劳试验和第 3 章梁柱焊接节点循环往复加载试验的基础上，运用弹性力学关于空间一点的应力应变状态描述，以及多轴疲劳分析理论，采用 SW 模型及修正的 FS 模型分别进行疲劳损伤参量计算，并进行疲劳裂纹萌生寿命估算，结合 Miner 累积损伤准则对焊缝危险点的超低周疲劳损伤进行评估，主要研究结论如下：

（1）工程结构或构件在实际应用状态下，通常承受着复杂的多轴载荷作用，通过节点循环往复加载试验采集的应变数据进行整理，分析梁柱焊接节点梁翼缘焊缝疲劳破坏危险点的 6 个应变响应时程曲线，结果表明，焊缝区疲劳危险点实际上处于多轴非比例应变状态。

（2）对于修正的 FS 模型，焊缝区疲劳危险点多轴非比例附加强化效应，主要由材料非比例附加强化效应和应变路径的非比例度两部分共同表述，并采用了本研究提出的非比例影响因子计算方法，提高了疲劳寿命预测精度。

（3）在考虑复杂的应变路径非比例度时，提出采用等效凸路径（凸包）的方法进行简化处理，工程适用性较强。在计算应变路径的非比例度时，采用惯性矩来描述任意路径所围成的区域内任意一点对非比例附加强化效应的贡献，使应变路径非比例度具有更明确的物理含义。

（4）对比两种多轴疲劳寿命预测模型计算的疲劳损伤，结果表明，采用修正的 FS 模型进行的损伤估计与节点试验结果相近，误差较小；而采用基于 von Mises 准则将临界面上剪应变和正应变合成一个等效应变的 SW 模型，其损伤估计偏于危险估计。

（5）将两类焊接构造细节 CLG 试件和 PB 试件疲劳性能参数代入多轴疲劳损伤模型计算的损伤结果对比分析可知，对于箱形柱焊接节点而言，CLG 试件疲劳性能参数更符合节点试验结果，损伤评估效果更理想。

（6）分析箱形柱焊接节点焊缝疲劳损伤的影响因素主要有焊接构造细节疲劳性能参数、加载次数、荷载降大小、加载位移幅值。

第5章 钢框架梁柱焊接节点有限元分析

对于在服役期间的复杂大型土木工程结构而言，外荷载直接作用在结构的整体尺度上，但结构的疲劳损伤破坏却往往发生在结构的某些局部位置。当整体结构处于弹性阶段的时候，这些局部细小部位已进入塑性变形阶段，发生疲劳损伤累积。前面章节提到强烈地震作用下，钢框架梁柱焊接节点的破坏大多起源于梁柱连接的焊缝局部位置，该处几何特征复杂及材料力学性能不连续等因素，通常出现较大的应力集中，从而产生较大的局部应力应变响应，而且节点焊缝区的裂纹萌生及其扩展过程具有明显的局域性特征。因此，焊接节点的焊缝局部区域是研究的重点。

在研究梁柱焊接节点焊缝局部疲劳损伤问题时，首先要知道焊接构造细节的受力状况，一般通过试验进行实测或者通过有限元数值模拟的方法进行分析。随着商业有限元的迅速发展，有限元数值模拟方法得以广泛应用于结构分析。然而，简化的结构整体宏观大尺度模型一般采用梁单元建立有限元模型，单元特征尺度达到10^0m级，进行动力响应分析和静力分析时计算误差较小，但由于缺乏对结构局部构造细节的描述和模拟，宏观大尺度模型无法真实体现结构局部损伤部位的应力集中以及损伤累积效应。目前有限元分析研究领域中，受到重点关注的多尺度分析方法是实现结构局部损伤分析的有效途径。多尺度模拟是在对结构进行整体宏观尺度有限元分析的同时，建立局部细节的精细实体有限元模型，用耦合连接技术将实体有限元模型耦合在整体模型中。

本章拟采用ABAQUS有限元分析软件，辅以必要的数值模拟分析得到焊接局部细节的受力状况，在此基础上，将数值分析与节点循环加载试验结果及疲劳损伤分析结果进行对比验证。

本章的主要研究内容为：

（1）建立某一多层钢框架结构多尺度模型，以地震动加速度输入方式，计算钢框架整体地震响应，将整体模型分析的结果作为节点实体模型的边界条件；

（2）建立节点实体精细有限元模型模拟节点循环加载试验，探讨节点局部焊缝区的受力特点及应变状态，与节点试验结果对比分析；

（3）在节点实体模型有限元分析结果基础上，采用第4章超低周疲劳损伤评估方法对节点模型进行疲劳损伤估算，并与节点试验损伤分析结果对比验证。

5.1　多尺度弹塑性有限元分析方法

在工程结构有限元数值分析方面，单一尺度的有限元分析已经发展成熟。对于复杂的大型土木工程结构，传统单一尺度的结构计算和仿真模拟，却以消耗大量的计算时间和占用非常大的计算机运行内存为代价满足人们对计算精度的要求，并且难以实现结构疲劳损伤分析。而采用多尺度有限元分析方法，则是在有限元计算精度和计算时间代价之间的一个均衡解决方案，成为目前有限元数值模拟分析领域关注的热点问题之一。

多尺度分析方法通过变换观测尺度，研究尺度间的作用，不仅可以获得对象内部的深刻联系，而且能够有效降低研究对象的复杂度，这在实际应用中处理复杂问题时具有非常重要的现实意义。对于大型土木工程结构而言，多尺度有限元计算模型的构造方法分为尺度分离和尺度耦合两种。尺度分离是将分析对象的不同部分采用不同单元尺度，即对于工程结构分析中需要重点关注部位，如本书中梁柱焊接节点焊缝局部细节，采取合适的微观尺度进行建模，以使其能够反映局部细节的空间、形状、受力等变化特征；而整体结构的其他部位采用宏观尺度，在不同单元尺度之间（宏观尺度模型与微观尺度模型间）采用界面耦合方式，以保证不同尺度模型之间的协同计算。如此，既可在进行结构整体静力分析和动力响应分析计算时，又可对局部重点关注部位进行受力分析，模拟仿真疲劳损伤，裂纹萌生等过程。如同李兆霞等（2012）指出，对大型土木工程结构进行多尺度局部损伤分析时，局部构造细节可采用精细的"小尺度"建模，而整体结构采用简化的"大尺度"建模，这样就可以在多尺度模型中模拟局部构造细节处的材料非均匀性、损伤演化及宏观裂纹扩展等复杂的结构劣化过程。而尺度耦合则主要是寻找宏观尺度模型和微观尺度模型之间的联系，通过建立力、位移等参数之间的约束方程作为边界条件，以考虑不同尺度之间的耦合约束作用。

关于宏观尺度模型与微观尺度模型间的界面耦合问题，吴佰建、李兆霞等（2007）认为，对于大型土木工程结构，结构多尺度模拟中的界面连接与单元尺度跨越是多尺度有限元模拟分析中的关键科学问题。界面耦合连接需要对多尺度模型经过多次反复修正和验证，另外，单元间的跨尺度敏感性以及模拟计算时采用的实施策略与技术等对多尺度分析结果影响很大，尤其是结构损伤的时间、结构强度及损伤失效过程方面的多尺度模拟与分析。石永久等（2011，2012）、陆新征等（2008）分别通过工程分析算例对多尺度模型中梁-壳耦合约束方程的问题进行了讨论分析。文献［154］-［158］针对梁单元与壳单元耦合、壳单元和实体单元耦合及梁单元与实体单元耦合时采用的界面耦合连接方式以及不同尺度单元之间的耦合约束方程建立进行了广泛研究，并各自提出了有益的建议和观点。

本书基于 ABAQUS 有限元程序进行多层钢框架结构的多尺度模拟计算，程序在接触关系中提供了运动耦合约束、分布耦合约束等界面衔接技术，可以方便地实现不同尺度间的耦合建模，且经过多次验证计算，表明精度满足工程要求。然后，在多尺度模型分析结果基础上，建立节点实体精细有限元模型模拟循环加载试验。

5.2　多层钢框架结构整体模型的多尺度分析

5.2.1　工程算例概况

本章以某四层钢框架办公楼为有限元分析算例，该框架结构的平面布置如图 5.1 所示。房屋底层层高 6.5m，其余层高 4.2m。结构安全等级为二级，场地类别为Ⅱ类。钢框架结构梁、柱的材料均为 Q235 钢，楼板为钢筋混凝土。柱为箱型截面，尺寸为 400×400×20×20（单位：mm）；梁为工字截面，尺寸为 H450×250×12×20（单位：mm）；楼板厚度 150mm。

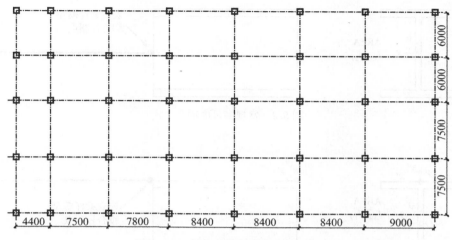

图 5.1 四层钢框架结构平面布置图

5.2.2 工程算例多尺度建模

钢框架结构通常包括框架梁、框架柱和传递平面刚度的混凝土楼板。按照前面关于多尺度有限元计算模型的尺度分离构造方法，梁、柱构件采用宏观尺度梁单元，楼板采用壳单元；梁柱节点区采用实体单元以反映局部梁柱节点区的几何特征及材料特性。

由于不同单元特征尺度在量级上的差异，需要首先确定钢框架梁柱节点多尺度建模区域梁柱构件、楼板以及梁柱节点区微观尺度单元之间的空间定位关系。通常情况下，以宏观尺度梁杆单元耦合控制点与壳或实体单元的截面形心保持在同一空间位置上作为多尺度建模耦合衔接方式，如图 5.2 所示。然而，对于钢框架结构多尺度建模，由于梁单元与楼板壳单元通常采用共节点的方式处理，即钢框架中楼板实际搭撑在梁上翼缘上，若楼板壳单元与微观尺度梁柱节点实体模型仍然采用常规多尺度耦合连接方式，那么钢框架结构多尺度模型就会出现空间位置错位。

本书依据平行移轴定理，将宏观尺度梁单元模型的空间位置定位于梁柱节点的梁上翼缘位置，如图 5.3 所示，与梁单元共节点的楼板壳单元也随之平移至梁上翼缘位置，避免楼板壳单元与梁柱节点实体单元空间位置错位的情况发生。由于梁单元的空间定位发生平移，宏观尺度梁单元模型的截面特征参数需根据平行移轴定理进行等效转换。

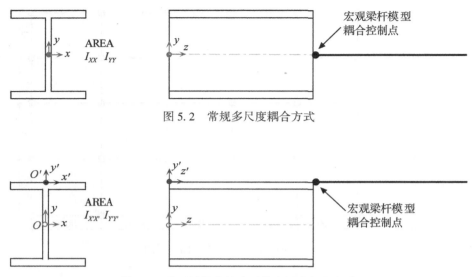

图 5.2　常规多尺度耦合方式

图 5.3　基于平行移轴定理的多尺度耦合方式

　　根据以上确定的钢框架结构多尺度建模方法，对本章工程算例中的底层梁柱角节点区域进行多尺度建模。焊缝形状按照国建建筑设计标准图集 01SG519《多、高层民用建筑钢结构节点构造详图》确定。多尺度模型中梁的跨尺度界面耦合方式采用 ABAQUS 有限元程序中提供的运动耦合约束（耦合类型 Kinematic）进行耦合，梁柱节点实体单元与楼板壳单元之间采用过渡网格划分，工程实例的多尺度模型如图 5.4 所示。

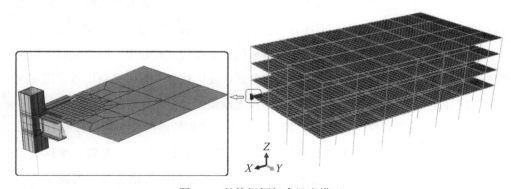

图 5.4　整体钢框架多尺度模型

5.2.3　模型加载

根据《建筑抗震设计规范》（GB50011—2010），在进行工程算例的罕遇地震响应分析时，地震加速度输入最大值采用 9 度大震时的最大加速度峰值 620gal。为此，本书选取 El-Centro 地震记录波作为计算地震动输入，按抗震规范 9 度大震调幅后 El-Centro 地震波 53.4s 的记录波形如图 5.5 所示。

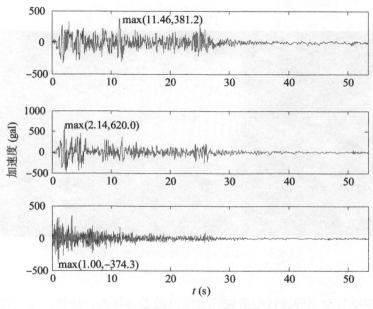

图 5.5　调幅后的 El-Centro 地震波

这是美国 IMPERIAL 地震发生时在 El-Centro 现场实测的记录，场地土属 Ⅱ ~ Ⅲ类。因该地震加速度波形记录含较多短周期地震波，常常被引用为代表性地震进行有限元数值模拟分析。

多尺度模型中梁与柱的材料属性均为工程中比较常见的 Q235 钢，其本构关系参照第 2 章单调力学性能试验结果采用。

5.2.4　多尺度模型计算结果

在地震动输入的 4.4s 时，四层钢框架底层角节点在主震 Y 方向梁下翼缘与

127

柱连接焊缝的焊根单元出现最大等效塑性应变，参见等效塑性应变云图 5.6 所示，其值为 $1.156×10^{-2}$，已超过了材料单调拉伸的屈服应变，接近流动强化应变值。由图可见，此时梁下翼缘焊缝已全部进入塑性应变状态，而梁柱节点的其他部位甚至都还处于弹性阶段，表明焊缝区的焊根处因几何形状发生变化、材料不连续等因素具有明显的应力集中。

　　综合上述可知，在强烈地震作用下，梁柱连接节点区焊根单元最早发生疲劳损伤破坏，是焊缝局部区域的疲劳破坏危险点。

图 5.6　$t=4.4\mathrm{s}$ 时刻等效塑性应变分布云图

　　为探讨梁柱节点焊缝区疲劳破坏危险点的受力状态，现将危险点在地震作用前 10s 的应变响应进行分析，如图 5.7 所示。

　　从图中各应变分量的响应时程曲线可以看出，主震 Y 方向危险点的正应变明显大于 X、Z 方向的正应变，也就是说，在沿梁长方向，危险点产生比较大的应变，根据泊松效应，危险点在 X、Z 方向也会随之产生变形，但由于框架柱的约束，这两个方向的变形小于沿梁长方向（主震 Y 方向）的变形。并且由于主震 Y 方向的影响，XY 平面及 YZ 平面上的剪应变相对 XZ 平面的剪应变要大些，并具有明显的水平剪应变集中的现象。

　　根据图 5.7 中各应变分量峰值表示，可以看出各方向的应变分量大小并不是成比例变化的，也不是同时增大或减小，而是存在一定的相位差。显然，危险点处的应变状态比较复杂，处于多轴非比例应变状态。这与第 3 章梁柱节点循环往

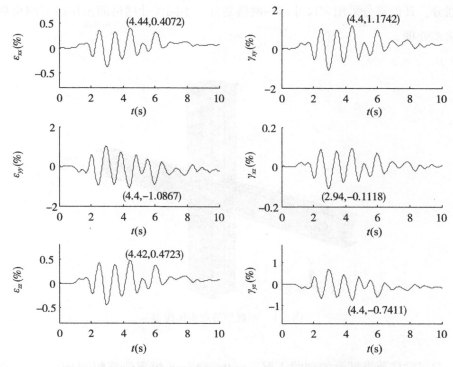

图 5.7 钢框架结构多尺度模型危险点各应变分量响应时程曲线

复加载试验的结果一致。

5.3 梁柱节点实体模型有限元分析

本节选取与节点试验试件具有相同形状、相同尺寸的箱形柱节点实体单元模型进行有限元分析,并进行疲劳破坏危险点的损伤计算。通过上述多层钢框架结构整体模型的多尺度有限元模拟分析结果与节点试验的对比检验后,将多尺度模型计算得到的力和位移边界条件考虑到梁柱节点实体模型中,并将节点实体模型的分析结果与节点试验结果进行对比。

5.3.1 节点模型及其受力状态分析

根据梁柱节点试验试件的尺寸及焊缝构造细节特征建立节点实体模型,如图

5.8 所示。为了研究节点局部细节的受力状态，在焊缝区采用小尺寸结构网格进行划分，其他部分采用大尺寸结构网格划分，不同尺寸网格间采用过渡网格划分方法来处理。

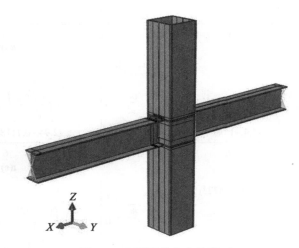

图 5.8　钢框架节点实体模型

参照梁柱节点试验的加载工况二（0～±17mm 恒定位移幅加载），对节点实体模型的两侧梁自由端进行位移控制模拟循环往复加载。

对该实体有限元模型的弹塑性分析结果进行考察，采用同样的方法判断梁柱节点的疲劳危险点位置，得出结论与节点循环加载试验结果、整体钢框架多尺度有限元分析结果相同，都表明了梁柱连接焊缝的焊根处为疲劳破坏危险点。

5.3.1.1　应变响应对比分析

图 5.9 所示为节点实体模型焊缝危险点的空间应变响应时程曲线。图 5.10 所示为节点试件 2 西北下翼缘（NWB）焊缝危险点的 6 个应变响应时程曲线。为与节点试件 2 循环加载前 8 周的受力状态及损伤结果进行对比，对节点实体模型提取了 1200s 加载历程的时程曲线。

将两个图进行对比可知：

（1）图 5.9 中梁柱节点区焊缝危险点的 6 个应变大小不是成一定比例增加或者减小，也没有在同一时刻达到各自的最大或最小值，即梁柱节点实体单元模型

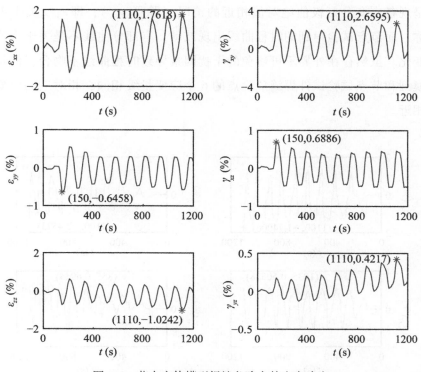

图 5.9 节点实体模型焊缝危险点的应变响应

的有限元分析结果同样表明了焊缝危险点的应变状态具有非比例特征,处于多轴非比例状态。这与 3 个节点试件的试验结论相同。

（2）对于节点实体模型和节点试验件的同一个应变分量,并不是在同一个循环周次达到极值。例如,对于 ε_{yy} 而言,节点模型计算的结果显示在循环加载的第一周便达到加载历程的极值,而节点试验试件测量的应变结果则显示在循环加载的第九周才达到加载历程的极值。这说明有限元模拟分析和节点试验结果存在一定的误差,可能是有限元建模时,考虑的边界条件不能完全等同模拟节点试件实际加载的约束条件所致。

（3）节点实体模型和节点试验试件的 6 个应变响应时程曲线轨迹也不完全吻合。分析认为,这是由于加载的环境因素不同导致,有限元模拟分析不像现场试验的环境那样复杂,加载仪器的操作方式、环境噪声影响,加上前面提到的节点约束条件不完全等效等因素，使有限元分析得到的时程曲线比较光滑，基本呈现各应变分量极值绝对值相近的情况（除了 γ_{yz}），即曲线关于零值上下对称；而节点试验得到的时程曲线出现波动，有部分曲线不是关于零值上下对称变化。虽然存在外界不可避免的干扰因素导致时程曲线不吻合，但是节点实体模型和节点试验试件焊缝危险点的 6 个应变量级相同，相对应的应变极值基本相近。

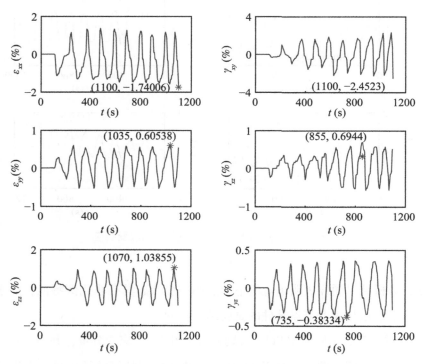

图 5.10　节点试验试件 NWB_2 焊缝危险点的应变响应

5.3.1.2　最大剪切应变对比分析

根据焊缝疲劳危险点 6 个应变响应，可计算焊根单元内任一材料平面（θ，ϕ）上最大剪切应变随时间的变化关系。采用式（4-1）～式（4-5）可确定 t 时刻最大剪切应变的材料平面位置 $\gamma(\theta, \phi)$，现将节点试验试件 2 的 NWB 焊缝疲劳危险点和节点实体模型疲劳危险点循环加载的第 3 周、第 6 周最大剪切应变分布曲面分别绘制如图 5.11~图 5.12 所示。

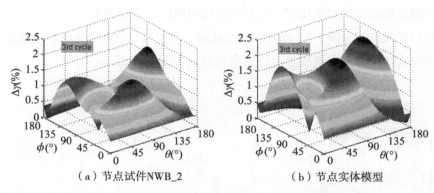

（a）节点试件NWB_2　　　　　　（b）节点实体模型

图 5.11　第 3 周任一材料平面最大剪切应变分布曲面

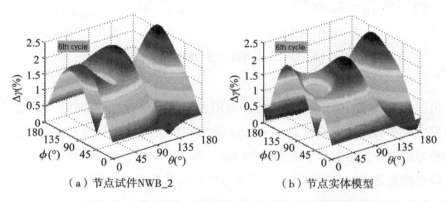

（a）节点试件NWB_2　　　　　　（b）节点实体模型

图 5.12　第 6 周任一材料平面最大剪切应变分布曲面

由图分析可知：

（1）对于节点实体模型，图 5.11（b）及图 5.12（b）说明在不同时刻的同一材料平面位置，最大剪切应变值不相同，是在不断变化着的；不同时刻最大剪切应变对应的材料平面位置也是随时间在不断发生改变。这与 3 个节点试件的试验结论相同。

（2）对于同一个循环周次而言，节点试验试件与节点实体模型的最大剪切应变对应的所在平面位置分布曲面基本相似，应变量级上相差甚小。

5.3.1.3　最大剪切应变平面位置对比分析

根据提取的加载时间历程，绘制相应时间段内焊缝疲劳危险点最大剪切应变所在材料平面位置 $\gamma(\theta, \phi)$ 随时间的变化图，节点试件 2 的 NWB 焊缝疲劳危险点及节点实体模型疲劳危险点的计算结果分别如图 5.13 所示。

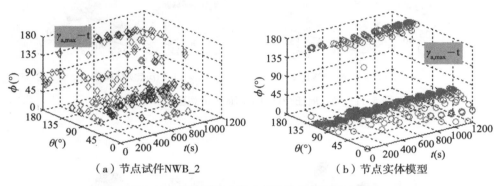

（a）节点试件NWB_2　　　　　　　（b）节点实体模型

图 5.13　加载历程内最大剪切应变平面位置变化

由图 5.13 可知，对于节点试验和有限元模拟，在提取的加载历程内，最大剪切应变所在的材料平面位置 $\gamma(\theta, \phi)$ 随时间的变化分布都存在分散性，这说明两种方法的分析结果都验证了一个结论，那就是梁柱节点焊缝区疲劳破坏危险点的应变状态是多轴非比例状态。而节点试验结果具有更明显的分散特征，这与加载的环境因素密切相关。

综上所述，节点实体模型有限元分析和节点试验试件受力分析结果的相符性较高。

5.3.2　临界面正、剪应变响应对比分析

采用前面章节叙述的方法，借助 MATLAB 程序确定节点实体模型焊缝危险点在相应加载时间历程中疲劳破坏临界面角度分别为 $(\theta, \phi) = (89°, 69°)$，这与 NWB_2 临界面角度 $(\theta, \phi) = (86°, 73°)$ 相差很小，将节点实体模型的疲劳破坏临界面角度代入式（4-5），计算得到临界面上最大剪应变响应时程曲线以及在最大剪应变平面上的正应变响应时程曲线，如图 5.14、图 5.15 所示。

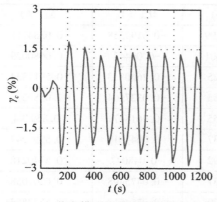 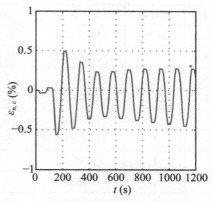

图 5.14 节点模型临界面上剪应变响应　　图 5.15 节点模型临界面上正应变响应

对比 NWB_2 临界面上剪应变响应图 4.15 和正应变响应图 4.16 可知，节点实体模型的分析结果与节点试件 2 的试验结果关于剪应变变程及正应变变程在数值上大致相近。

按照双重循环雨流计数法对临界面上剪应变、正应变进行雨流计数，其结果如图 5.16 及表 5.1 所示。

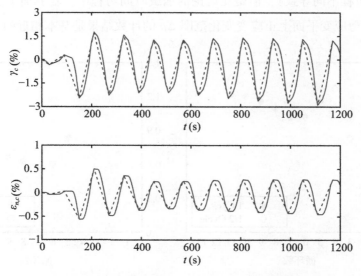

图 5.16 节点模型临界面上正、剪应变双重循环雨流计数

表 5.1　　　　　　　节点模型临界面上正、剪应变循环雨流计数汇总表

个数	循环数	$M_\gamma(\%)$	$\Delta\gamma(\%)$	$M_\varepsilon(\%)$	$\Delta\varepsilon(\%)$
1	0.5	−0.163099	0.326199	−0.0192358	0.0384715
2	0.5	−0.0143985	0.623601	−0.00447	0.0680029
3	0.5	−1.08122	2.75725	−0.2660853	0.5912334
4	0.5	−0.346935	4.22583	−0.0327504	1.0585516
5	1	−0.350875	3.83955	−0.0618471	0.839494
6	1	−0.435325	3.38937	−0.0641018	0.5999247
7	1	−0.43301	3.36392	−0.048047	0.5740218
8	1	−0.453535	3.63131	−0.0475498	0.6201058
9	1	−0.535515	3.86229	−0.0554512	0.6573857
10	1	−0.633845	3.99397	−0.065867	0.6826138
11	1	−0.72891	4.05922	−0.0767167	0.7066658
12	0.5	−0.83182	4.10648	−0.090055	0.72617
13	0.5	−0.55954	4.65104	0.0075479	0.977955

　　将表 5.1 循环雨流统计的结果如图 5.17 所示。对比节点试件 NWB_2 循环雨流统计结果（表 4.1、图 4.24），两种方法统计出的循环数虽然不同（因提取的加载时间历程不同导致），但是在讨论的加载时间历程中，临界面上剪应变变程 $\Delta\gamma$ 及最大剪应变平面上正应变变化范围 $\Delta\varepsilon$ 的计数结果是基本相近的。

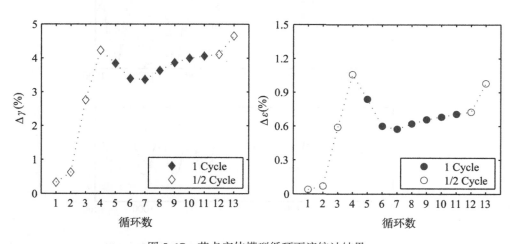

图 5.17　节点实体模型循环雨流统计结果

5.3.3　非比例影响因子对比分析

运用式（4-18）~式（4-21）计算节点实体模型焊缝危险点在循环荷载作用下剪应变与正应变的非比例路径效应，如图 5.18 所示。

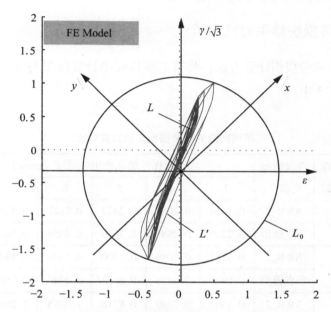

图 5.18　节点实体模型临界面上的应变路径及等效凸路径

根据式（4-25）得到节点实体模型焊缝疲劳危险点在多轴非比例条件下，同时考虑应变路径非比例效应和材料非比例效应综合影响的非比例影响因子 k^*，将其与 NWB_2 的计算结果列入表 5.2 中。

表 5.2　　　　　　　　　　　　非比例影响因子计算结果对比

焊缝危险点	应变路径非比例度 Φ	材料非比例强化参数 L	非比例影响因子 k^*
NWB_2	0.4425	0.31	1.4425
节点模型	0.1601	0.31	1.1676

由表中数据结合图 4.27（a）、图 5.18 可以看出，运用 ABAQUS 有限元分析

的节点模型，其焊缝危险点临界面上的剪应变与正应变非比例路径效应要弱一些，可能是模型分析时一些约束条件的简化处理，加上加载环境并不复杂，使得模型的应变响应比较规则，分散性小，从而导致等效凸路径包络的范围较小，凸包内应变路径对同相位比例加载路径（x 轴）的非比例贡献就相应小些，所以经式（4-25）计算得到的非比例影响因子相对小些。

5.3.4 疲劳损伤结果对比分析

根据多轴疲劳损伤计算方法，将节点实体模型计算结果与节点试件 NWB_2 结果列入表 5.3 中。

表 5.3　　　　　　　　　不同时段的疲劳损伤累积效应对比

寿命预测模型	疲劳性能参数	焊缝疲劳危险点	循环加载作用时间段（cycle）					
			3	4	5	6	7	8
SW 模型	CLG	NWB_2	0.1464	0.2089	0.2327	0.2827	0.3452	0.5535
		节点模型	0.2269	0.2983	0.3650	0.4559	0.5670	0.6920
	PB	NWB_2	0.0751	0.1096	0.1300	0.1603	0.1948	0.2564
		节点模型	0.0905	0.1276	0.1633	0.2049	0.2504	0.3004
修正 FS 模型	CLG	NWB_2	0.5309	0.7809	0.8718	1.0385	1.2885	1.9135
		节点模型	0.4667	0.6334	0.8000	1.000	1.2500	1.5000
	PB	NWB_2	0.1658	0.2427	0.2903	0.3570	0.4339	0.5794
		节点模型	0.1707	0.2374	0.2999	0.3713	0.4547	0.5456

由表 5.3 中数据分析可知：

（1）对于节点实体模型而言，采用相同的疲劳性能参数进行损伤计算，SW 模型的损伤结果总是比修正的 FS 模型损伤结果要小；对于同一个疲劳损伤评估模型而言，采用 CLG 焊接试件疲劳性能参数计算的疲劳损伤值较采用 PB 焊接试件疲劳性能参数计算的疲劳损伤值大许多。这些数据特征与 3 个节点焊缝危险点的数据特征相同。这表明了有限元分析结果的正确性。

（2）对于 SW 模型，采用相同疲劳性能参数计算的结果显示，节点实体模型估算的疲劳损伤略大于节点试验结果。

（3）对于修正的 FS 模型，采用相同疲劳性能参数计算的结果显示，节点实体模型估算的疲劳损伤与节点试验结果很相近。

综上所述，节点实体模型的疲劳损伤估算结果与节点试件的疲劳损伤估算具有相似的数据变化特征，并且通过两类估算结果的数据分析，再次验证了这一结论：对于箱形柱节点而言，SW 模型进行低周疲劳损伤估算偏于危险估计，建议采用修正的 FS 模型进行疲劳损伤评估以提高评价结果的准确度；对于修正的 FS 模型来说，箱形柱节点应采用十字形承载焊缝试件 CLG 的疲劳性能参数进行疲劳损伤评估，其计算结果与节点试验结果符合程度很高。

5.4　本章小结

本章通过 ABAQUS 有限元软件建立一个四层钢框架结构多尺度模型及十字形箱形柱与工字梁柱节点实体模型，分别进行数值模拟分析，并将节点实体模型分析结果与节点循环加载试验结果进行对比分析，主要研究结论如下：

（1）钢框架结构整体多尺度模型与梁柱节点实体单元模型计算结果均表明，梁与柱连接焊缝的焊根处是疲劳破坏危险点，且根据应变状态分析表明疲劳破坏危险点处于多轴非比例状态，有限元分析结果与节点试验现象相同。

（2）主要从受力状态、临界面正、剪应变响应及其双重雨流计数结果、非比例影响因子以及疲劳损伤估算这几个方面进行对比验证，说明节点实体单元模型有限元分析结果与节点循环加载试验结果相符性较高。

（3）通过有限元模型与试验的对比分析，再次说明了采用基于十字形承载焊接构造细节 CLG 试件的疲劳性能参数，结合修正的多轴疲劳寿命预测 FS 模型进行箱形柱节点的超低周疲劳损伤评估，可以取得理想的评价效果。

第 6 章　结论与展望

6.1　研究结论

本书以钢框架十字形梁柱焊接节点（箱形柱节点）为研究对象，围绕节点在强烈地震作用下的疲劳损伤评估问题，展开了两类焊接构造细节的低周疲劳试验研究以及钢框架节点的低周循环往复加载试验研究。本书首先通过钢框架梁柱焊接节点局部细节特征，设计了两类焊接构造细节试件进行低周疲劳试验，分析了两类焊缝构造细节的循环性能、疲劳性能、疲劳强度及损伤破坏机理；其次，通过制作大尺寸的箱形柱焊接节点试件进行低周循环往复加载试验，探讨了梁柱焊接节点焊缝裂纹萌生、扩展及贯通的演化过程和裂纹破坏机制，分析了箱形柱与工字梁柱节点的疲劳破坏行为，提出了焊接节点裂纹萌生的量化判据；再次，在焊接构造细节低周疲劳试验结果和节点循环加载试验结果基础上，基于多轴疲劳理论结合 Miner 线性累积损伤准则研究了节点的循环疲劳损伤评估方法；最后，利用 ABAQUS 有限元软件建立了一个多层钢框架结构多尺度模型和钢框架梁柱节点实体模型，与节点循环加载试验结果进行对比验证。主要研究结论如下：

（1）通过两类焊接构造细节试件（PB 试件和 CLG 试件）的低周疲劳试验，说明两类焊接构造细节具有不同的疲劳失效模式：PB 试件疲劳裂纹起源于焊趾，而 CLG 试件疲劳裂纹萌生位置有两种可能，其一是裂纹起源于焊趾，其二是裂纹起源于焊根。并通过循环性能分析和疲劳性能分析得到了两类焊接构造细节的循环性能参数（K'，n'）及疲劳性能参数（σ_f'，$'\varepsilon_f$，b，c），通过采用 Manson-Coffin 公式预测其疲劳寿命，结果表明在单轴疲劳加载条件下，该公式寿命预测效果良好。

（2）基于两类焊接构造细节的疲劳强度对比分析，结果表明，在低周疲劳范畴内两者的疲劳强度比较接近；与国际焊接协会 IIW 发布的同类型焊接构造细节疲劳强度曲线（S-N 曲线）对比，两类焊接构造细节的低周疲劳强度低于 IIW 发布的高周疲劳 S-N 曲线在低周范围内的预测值，表现出更低的疲劳寿命，说明采用国际焊接协会 IIW 建议的 S-N 曲线进行疲劳强度评估时，相当于高估了焊接构造细节的抗力。

（3）通过梁柱焊接节点低周循环往复加载试验，分析了焊接节点焊缝区裂纹失效模式、裂纹演化过程以及裂纹破坏形态。研究结果表明，节点焊缝的焊根处是疲劳破坏危险点；裂纹类型主要有 I 型裂纹和 II 型裂纹两种类型，裂纹宏观贯通模式主要有标准破坏和混合破坏两种模式；在裂纹形成初期，裂纹形似柳叶，随着裂纹扩展，主裂纹周围出现多条小裂纹，看似平滑、连续，实际上弯曲、间断，形似树皮纹理。

（4）分析了焊接节点焊缝裂纹萌生及扩展的影响因素，主要有荷载降、荷载降的变化速率、试验加载制度，即荷载降的大小与裂纹萌生密切相关，而荷载降的变化速率越快，加载的位移幅值越大，在节点焊缝区塑性累积损伤增加越快，裂纹扩展就越迅速。

（5）探讨了节点试件两侧梁自由端荷载降的变化规律与焊缝裂纹萌生之间的关系，提出箱形柱节点焊缝裂纹萌生量化判据：荷载降在 3% 到 10% 之间是焊缝裂纹萌生的重要分水岭。

（6）分别研究了焊接节点沿梁翼缘横向及纵向的应变分布的规律。研究表明，对于沿梁翼缘横向应变分布，箱形柱-工字梁柱节点与 H 形梁柱节点表现出不同的变化规律，主要是箱形柱节点与 H 形柱节点构造上的差异以及梁翼缘焊根部位应力集中二者的综合影响所致，箱形柱节点的应变峰值出现在梁翼缘焊缝的两侧边端，而 H 形柱节点的应变峰值则在梁翼缘宽度中心出现；对于沿梁翼缘表面中心处的纵向应变分布，由于节点焊缝区的应力集中，应变分布由柱表面向外逐渐降低。

（7）基于 FS 模型不能完全考虑非比例附加强化效应的影响，通过一个非比例影响因子修正疲劳损伤参量，该非比例影响因子既考虑了材料非比例效应的影响，又考虑了应变路径非比例效应的影响。对于工程中常常出现的复杂应变加载路径，建议采用等效凸路径的方法进行简化处理，可操作性强，并且在计算应变路径的非比例度时，采用惯性矩来描述等效凸路径或者复杂应变路径等任意路径所围成的区域内任意一点对非比例附加强化效应的贡献，使应变路径非比例度具有更明确的物理含义。

（8）对节点试验试件的超低周疲劳损伤进行了评估分析，结果表明，对于箱形柱焊接节点而言，采用基于焊接构造细节 CLG 试件疲劳性能参数的修正的 FS 模型，其低周疲劳损伤评估效果更优。也就是说，就损伤模型而言，采用修正的 FS 模型进行的损伤估计误差较小，与节点试验结果符合程度较高，而基于 von Mises 准则将临界面上剪应变和正应变合成一个等效应变的 SW 模型，其损伤估计偏于危险估计；由于几何特征及受力特点的相似性，CLG 试件疲劳性能参数比 PB 试件疲劳性能参数适用于箱形柱节点的疲劳损伤估算，取得的损伤评估效果更理想；影响箱形柱焊接节点焊缝疲劳损伤的因素主要有以下方面：焊接构造细节疲劳性能参数、加载次数、荷载降大小、加载位移幅幅值。

（9）通过 ABAQUS 有限元数值模拟箱形柱节点实体单元模型，将有限元数值分析结果与节点循环加载试验结果对比验证，结果表明，在节点局部焊缝的受力状态、焊缝疲劳危险点位置、危险点临界面上的正应变和剪应变响应及其双重循环雨流计数统计结果、非比例影响因子、危险点疲劳损伤估算结果等方面，两种计算结果均具有较高的相符性，再次验证了节点试验得出的重要结论。

6.2　进一步研究展望

本书基于已有文献研究成果，通过室内试验、理论分析及数值模拟等方法，对强烈地震作用下钢框架梁柱焊接节点焊缝的超低周疲劳损伤评估进行了研究，得出了一些有益的结论。但由于梁柱节点区力学问题的复杂性，涉及众多学科知识，限于作者的学识水平、研究时间、试验条件等方面的因素，课题研究中存在有不足之处，还有如下几个方面的问题亟待解决：

（1）鉴于目前各国已发布的疲劳设计指导规程中，有部分规程明确指出不适用于低周疲劳范畴，而现有的关于焊接构造细节的低周疲劳研究成果未能形成系统的研究结论，工程中常见的低周疲劳现象研究急需相对系统化的低周疲劳设计指导规程进行规范引导，因此借鉴高周疲劳设计指导规程内容制订方法，仍需对大量的不同类型的焊接构造细节进行理论研究和疲劳试验测试。

（2）根据本书中钢框架节点试验研究可知，在位移控制的循环往复加载作用下，3个箱形柱焊接节点试件的疲劳裂纹萌生、扩展及宏观贯通模式基本相似。疲劳裂纹演化过程中出现的差异是否因为样本的数量和试件加工制作及运输等方面的因素而具有一定程度的分散性，有待进一步深入研究，因此仍需从深度和广度上对大量的节点试件进行试验研究和分析，将箱形柱疲劳裂纹损伤破坏机理的研究结论系统化。

（3）基于荷载变化规律与裂纹萌生之间存在内在关系，在本书试验荷载数据统计的基础上，提出了焊接节点疲劳裂纹萌生的量化判据。但限于样本规模及试验研究是针对某一具体的节点形式展开，基于箱形柱-工字形梁柱节点的裂纹萌生量化判据的普遍应用性亟待进一步研究。

（4）多轴疲劳寿命预测模型中的疲劳性能参数、非比例循环特征参数及材料基本力学性能参数均是通过已有的材料数据进行近似拟合得到，同样的，这些拟合关系的计算精度很大程度上取决于数据样本的规模，拟合公式的形式和拟合参数的合理性，仍需要进行大量的材料数据作为支撑，因此，多轴疲劳寿命预测模型还存在一些待完善的地方。

（5）钢框架结构焊接节点在强烈地震作用下发生的震害破坏现象属于超低周疲劳行为，本书研究了适用于箱形柱焊接节点的超低周疲劳损伤评估模型并给出了有益的建议，这些结论及观点是建立在焊缝局部的应力应变状态、局部损伤演化过程这一微观层面的基础之上的，属于宏观层面的损伤参量，如杆端变形、杆端弯矩等，与微观损伤参量之间的联系有待深入研究。

参 考 文 献

[1] Mahin S A. Lessons from damage to steel buildings during the Northridge earthquake [J]. Engineering Structures, 1998, 20 (4-6): 261-270.

[2] Tremblay R, Filiatrault A, Timler P, et al. Performance of steel structures during the 1994 Northridge earthquake [J]. Canadian Journal of Civil Engineering, 1995, 22 (2): 338-360.

[3] Nastar. The effect of higher modes on earthquake fatigue damage to steel moment frames [D]. University of Southern California Dissertations, 2008.

[4] Kitagawa Y, Hiraishi H. Overview of the 1995 Hyogo-Ken Nanbu earthquake and proposals for earthquake mitigation measures [J]. Journal of JAEE, 2004, 4: 1-29.

[5] Nakashima M, Inoue K, Tada M. Classification of damage to steel buildings observed in the 1995 Hyogoken-Nanbu earthquake [J]. Engineering Structures, 1998, 20 (4-6): 271-281.

[6] AISC. Northridge steel update I [J]. American Institute of Steel Construction, Chicago, II, 1994.

[7] SAC. Interim guidelines: Evaluation, repair, modification and design of steel moment frames [R]. Federal Emergency Management Agency, SAC-95-02, 1995.

[8] Toyoda, How steel structures fared in Japan's great earthquake [J]. Welding Journal, 1995, 74 (12): 31-42.

[9] Maranian P. Vulnerability of existing steel framed buildings following the 1994 Northridge (California, USA) earthquake: Considerations for their repair and

strengthening［J］. The Structural Engineer, 1997, 75（10）: 165-172.

［10］ Engelhardt M D, Sabol TA. Reinforcing of steel moment connections with cover plates: Benefits and limitations［J］. Engineering Structures 1998, 20（4-6）: 510-520.

［11］ Uang C M, Bondad D, Lee C H. Cyclic performance of haunch repaired steel moment connections: Experimental testing and analytical modeling［J］. Engineering Structures 1998, 20（4-6）: 552-561.

［12］ Kim T, Whittaker A S, Gilani A S J, et al. Experimental evaluation of plate-reinforced steel moment-resisting connections［J］. Journal of Structural Engineering, ASCE 2002, 128（4）: 483-491.

［13］ Engelhardt M D, Winneberger T, Zekany A J, et al. Experimental investigation of dogbone moment connections［J］. Engineering Journal, AISC 1998, 35（4）: 128-139.

［14］ Popov E P, Yang T S, Chang S P. Design of steel MRF connections before and after 1994 Northridge earthquake［J］. Engineering Structures 1998, 20（12）: 1030-1038.

［15］ Chen S J, Yeh C H, Chu J M. Ductile steel beam-to-column connections for seismic resistance［J］. Journal of Structural Engineering, ASCE 1996, 122（11）: 1292-1299.

［16］ Chen S J, Chao Y C. Effect of composite action on seismic performance of steel moment connections with reduced beam sections［J］. Journal of Constructional Steel Research, 2001, 57（4）: 417-434.

［17］ Castiglioni C A. Effects of the loading history on the local buckling behavior and failure mode of welded beam-to-column joints in moment-resisting steel frames［J］. Journal of Engineering Mechanics, 2005, 131（6）: 568-585.

［18］ 潘伶俐, 陈以一. 考虑竖向加劲肋作用的 H 形梁柱节点试验研究［J］. 建筑结构学报, 2012, 12: 1-9.

［19］ 潘伶俐, 陈以一, 焦伟丰, 等. 空间 H 形梁柱节点的节点域滞回性能试验研究［J］. 建筑结构学报, 2015, 36（10）: 11-19.

［20］ 陈宏．高层钢结构节点地震脆断机理及抗震性能研究［D］．中国矿业大学，2001．

［21］ SAC. Background reports：Aetallurgy, fracture mechanics, welding, moment connections and frame systems behavior［R］. Federal Emergency Management Agency, SAC-95-09, 1995.

［22］ Engelhardt M D, Husain A S. Cyclic-loading performance of welded flange-bolted web connections［J］. Journal of Structural Engineering, 1993, 119（12）：3537-3550.

［23］ Chen S J, Chen G K. Fracture of steel beam to box column connections［J］. Journal of the Chinese Institute of Engineers, 1993, 16（3）：381-394.

［24］ Chen S J, Yeh C H. Enhancement of ductility of steel beam-to-column connections for seismic resistance［C］//Structural Stability Research Council 1994 Tech. Session, Lehigh University, PA, 1994：327-338.

［25］ 王万祯，赵海宏，顾强．钢框架梁柱刚性节点破坏机理分析［J］．工业建筑，2002, 32（8）：63-65．

［26］ 宋振森，顾强，郭兵．刚性钢框架梁柱连接试验研究［J］．建筑结构学报，2001, 22（1）：53-57．

［27］ Nia Z S, Mazroi A, Ghassemieh M, et al. Seismic performance and comparison of three different I beam to box column joints［J］. Earthquake Engineering and Engineering Vibration, 2014, 13（4）：717-729.

［28］ Popov E P, Tsai K C. Performance of large seismic steel moment connections under cyclic loads［J］. Engineering Journal, AISC 1989, 26（2）：51-60.

［29］ Engelhardt M D, Sabol T A, Aboutaha R S, et al. Testing connections［J］. Modern Steel Construction, AISC 1995, 35（5）：36-44.

［30］ Anderson J C, Duan X. Repair/upgrade procedures for welded beam to column connections［R］. Report No. PEER 98/03, Pacific Earthquake Engineering Research Center, Richmond（Ca）, 1998.

［31］ Chen C C, Lee JM, Lin MC. Behaviour of steel moment connections with a single flange rib［J］. Engineering Structures, 2003, 25（11）：1419-1428.

［32］ Chen C C, Lin C C, Tsai C L. Evaluation of reinforced connections between steel beams and box columns ［J］. Engineering Structures, 2004, 26 (13): 1889-1904.

［33］ Seyed Rasoul Mirghaderi, Shahabeddin Torabian , Farhad Keshavarzi. I-beam to box_column connection by a vertical plate passing through the column ［J］. Engineering Structures, 2010 (32): 2034-2048.

［34］ 张莉. 钢结构刚性梁柱节点抗震性能的研究 ［D］. 天津大学, 2004.

［35］ 李杰. 地震循环载荷下钢结构梁柱焊接节点耗能与损伤行为的研究 ［D］. 天津大学, 2003.

［36］ 熊俊. 强震作用下钢框架焊接节点损伤性能和计算模型研究 ［D］. 清华大学, 2011.

［37］ 王志宇, 王清远, 田仁慧, 等. 地震荷载作用下钢框架梁柱节点的低周疲劳损伤积累分析方法及探讨 ［J］. 四川大学学报 (工程科学版), 2010, S1: 86-92.

［38］ Krawinkler H, Zohrei M. Cumulative damage in steel structures subjected to earthquake ground motion ［J］. Computers & Structures, 1983 (16): 531-541.

［39］ Bernuzzi C, Calado L, Castiglioni C A. Ductility and load carrying capacity prediction of steel beam-to-column connections under cyclic reversal loading ［J］. Journal of Earthquake Engineerin, 1997 (1): 401-432.

［40］ Ballio G, Castiglioni C A. A unified approach for the design of steel structures under low or high cycle fatigue ［J］. Journal of Constructional Steel Research, 1995, 43: 75-101.

［41］ Sedlacek G, Feldmann M, Weynand K, et al. Safety Consideration of Annex J of Eurocode 3-Connections in Steel Structures Ⅲ ［M］. New York: Pergamon, 1995: 453-462.

［42］ Krawinkler H, Zhorei M. Cumulative damge in steel structures subjected to earthquake ground motions ［J］. Computers & Structures, 1983, 16 (1-4): 531- 541.

[43] Powell G H, Allahabadi R. Seismic damage prediction by deterministic methods：Concepts and procedures [J]. Earthquake Engineering & Structural Dynamics, 1988, 16 (5)：719-734.

[44] 石永久, 熊俊, 王元清. 钢框架梁柱节点焊缝损伤性能研究 I：试验研究 [J]. 建筑结构学报, 2012, 33 (3)：48-55.

[45] Darwin D, Nmai C K. Energy dissipation in RC beams under cyclic load [J]. Journal of Structural Engineering, 1986 (112)：1829-1846.

[46] Castiglioni C A, Pucinotti R. Failure criteria and cumulative damage models for steel components under cyclic loading [J]. Journal of Constructional Steel Research, 2009, 65 (4)：751-765.

[47] Newmark N M, Riddell R. Inelastic spectra for seismic design [C] //Proc of 7th World Conference on Earthquake Engineering. Istanbul, 1980 (4)：129-136.

[48] Gosain N K, Brown R H, Jirsa J O. Shear requirements for load reversals on RC members [J]. Journal of the Structural Division, 1977, 103 (7)：1461-1475.

[49] Park Y, Ang A H, Wen Y K. Seismic damage analysis of reinforced concrete buildings [J]. Journal of Structural Engineering, 1985, 111 (4)：740-757.

[50] Park Y J, Ang H S. Mechanistic seismic damage model for reinforced concrete [J]. Journal of Structural Engineering, 1985, 111 (4)：722-739.

[51] 刘伯权, 白绍良, 徐云中, 等. 钢筋混凝土柱低周疲劳性能的试验研究 [J]. 地震工程与工程振动, 1998, 18 (4)：82-89.

[52] 王东升, 冯启民, 王国新. 考虑低周疲劳寿命的改进 Park-Ang 地震损伤模型 [J]. 土木工程学报, 2004, 37 (11)：41-49.

[53] 王萌. 强烈地震作用下钢框架的损伤退化行为 [D]. 清华大学, 2013.

[54] 沈祖炎, 沈苏. 高层钢结构考虑损伤累积及裂纹效应的抗震分析 [J]. 同济大学学报, 2002, 30 (4)：393-398.

[55] 董宝, 沈祖炎. 考虑损伤累积影响的钢柱空间滞回过程的仿真 [J]. 同济大学学报：自然科学版, 1998 (6)：11-15.

[56] 欧进萍, 牛荻涛. 多层非线性抗震钢结构的模糊动力可靠性分析与设计

[J]. 哈尔滨建筑大学学报, 1991 (1): 9-20.

[57] 杨伟, 欧进萍. 基于能量原理的 Park-Ang 损伤模型简化计算方法 [J]. 地震工程与工程振动, 2009, 29 (2): 159-165.

[58] 王东升, 司炳君, 艾庆华, 等. 改进的 Park-Ang 地震损伤模型及其比较 [J]. 工程抗震与加固改造, 2005 (S1): 138-144.

[59] 王锦文, 瞿伟廉. 结构钢杆件基于变形和耗能的塑性破坏准则研究 [J]. 振动与冲击, 2013, 32 (19): 71-75.

[60] 徐国萍, 刘洪兵, 艾磊. 基于 Park-Ang 模型的框架结构地震损伤性能评估 [J]. 工程抗震与加固改造, 2011, 33 (4): 7-10.

[61] 罗文文, 李英民, 韩军. 考虑加载路径影响的改进 Park-Ang 损伤模型 [J]. 工程力学, 2014 (7): 112-118.

[62] 何利, 叶献国. Kratzig 及 Park-Ang 损伤指数模型比较研究 [J]. 土木工程学报, 2010 (12): 1-6.

[63] Radaj D, Sonsino C M, Fricke W. Fatigue Assessment of Welded Joints by Local Approaches [M]. Cambridge: Woodhead Publishing Limited, 2006.

[64] Radaj D. Review of fatigue strength assessment of non-welded and welded structures based on local parameters [J]. International Journal of Fatigue, 1996, 18 (3): 153-170.

[65] Tovo R, Lazzarin P. Relationships between local and structural stress in the evaluation of the weld toe stress distribution [J]. International Journal of Fatigue, 1999, 21 (10): 1063-1078.

[66] Crupi G, Crupi V, Guglielmino E, et al. Fatigue assessment of welded joints using critical distance and other methods [J]. Engineering Failure Analysis, 2005, 12 (1): 129-142.

[67] Fricke W, Kahl A. Comparison of different structural stress approaches for fatigue assessment of welded ship structures [J]. Marine Structures, 2005, 18 (7-8): 473-488.

[68] Morgenstern C, Sonsino C M, Hobbacher A, et al. Fatigue design of aluminium welded joints by the local stress concept with the fictitious notch radius of

r（f）= 1mm［J］. International Journal of Fatigue，2006，28（8）：881-890.

［69］ Atzori B，Lazzarin P，Meneghetti G. Fatigue strength of welded joints based on local，semi-local and nominal approaches［J］. Theoretical & Applied Fracture Mechanics，2009，52（1）：55-61.

［70］ Ellyin F，Kujawshi D. Plastic strain energy in fatigue failure［J］. ASME，1984，106：342-347.

［71］ Ellyin F，Kujawshi D. A Multiaxial fatigue criterion including mean-stress effect［J］. Advance in Multiaxial Fatigue，ASME STP 1191，1993：55-66.

［72］ Guard Y S. A new approach to the evaluation of fatigue under multiaxial loadings［J］. Methods for Predicting Material Life，ASME，1979：247-263.

［73］ Macha E，Sonsino C M. Energy criteria of multiaxial fatigue failure［J］. Fatigue Fract Engng Mater. Struct. ，1999，22：1053-1070.

［74］ Goto M，David K M. Initiation and propagation behavior of micro cracks in Ni-base super alloy dimer 720 Li［J］. Engineering Fracture Mechanics，1998，60（1）：1-8.

［75］ 吴富民，田丁栓. 用塑性滞后能原理估算随机载荷下的疲劳寿命［J］. 航空学报，1994（03）：264-268.

［76］ 谢里阳，于凡. 疲劳损伤临界值分析［J］. 应用力学学报，1994（03）：57-60，141-142.

［77］ 沈海军，郭万林，冯谦. 材料 S-N、ε-N 及 da/dN-ΔK 疲劳性能数据之间的内在联系［J］. 机械强度，2003（05）：556-560.

［78］ Socie D F，Marquis G B. Multiaxial fatigue［M］. Warrendale，PA：SAE，2000.

［79］ Brown M W，Miller K J. A theory for fatigue failure under multiaxial stress-strain conditions［C］. Proceedings of the Institute of Mechanical Engineers，1973，187：745-755.

［80］ Kandil F A，Brown M W，Miller K J. Biaxial low-cycle fatigue fracture of 316 stainless steel at elevated temperatures［J］. The Metals Society，1988，280：203-210.

［81］ Socie D F，Waill L A，Dittmer D F. Biaxial fatigue of Inconel 718 including mean stress effects ［M］//In：Multiaxial Fatigue. ASTM, Philadelphia, 1985：463-481.

［82］ Fatemi A, Socie D F. A critical plane approach to multiaxial fatigue damage including out-of-phase loading ［J］. Fatigue of Engineering Materials and Structures, 1988, 11：149-165.

［83］ Shamsaei N, Fatemi A. Effect of hardness on multiaxial fatigue behavior and some simple approximations for steels ［J］. Fatigue & Fracture of Engineering Materials & Structures, 2009, 32（8）：631-646.

［84］ Li J, Zhang Z P, Sun Q, et al. A new multiaxial fatigue damage model for various metallic materials under the combination of tension and torsion loadings ［J］. International Journal of Fatigue, 2009, 31（4）：776-781.

［85］ Li J, Zhang Z P, Sun Q, et al. Multiaxial fatigue life prediction for various metallic materials based on the critical plane approach ［J］. International Journal of Fatigue, 2011, 33（2）：90-101.

［86］ Li J, Zhang Z, Sun Q, et al. Low-cycle fatigue life prediction of various metallic materials under multiaxial loading ［J］. Fatigue & Fracture of Engineering Materials & Structures, 2011, 34（4）：280-290.

［87］ Li J, Zhang Z P, Sun Q, et al. A modification of Shang-Wang fatigue damage parameter to account for additional hardening ［J］. International Journal of Fatigue, 2010, 32（10）：1675-1682.

［88］ 尚德广, 王德俊. 多轴疲劳强度 ［M］. 北京：科学出版社, 2007.

［89］ Shang D G, Wang D J. A new multiaxial fatigue damage model based on the critical plane approach ［J］. International Journal of Fatigue, 1998, 20（3）：241-245.

［90］ Chen X, Gao Q, Sun X F. Low-cycle fatigue under non-proportional loading ［J］. Fatigue & Fracture of Engineering Materials & Structures, 1996, 19（19）：839-854.

［91］ 吴志荣, 胡绪腾, 宋迎东. 多轴随机载荷下的疲劳寿命估算方法 ［J］. 航空动力学报, 2014, 29（06）：1403-1409.

[92] Popov E P, Yang T S, Chang S P. Design of steel MRF connections before and after 1994 Northridge earthquake [J]. Engineering Structures, 1998, 20 (12): 1030-1038.

[93] Ricles J M, Fisher J W, Lu L W, et al. Development of improved welded moment connections for earthquake-resistant design [J]. Journal of Constructional Steel Research, 2002, 58 (5-8): 565-604.

[94] Ballio G, Castiglioni C A. A unified approach for the design of steel structures under low/or high cycle fatigue [J]. Journal of Constructional Steel Research, 1995 (43): 75-101.

[95] Tateishi K, Hanji T. Low cycle fatigue strength of butt-welded steel joint by means of new testing system with image technique [J]. International Journal of Fatigue, 2004, 26: 1349-1356.

[96] 黄丽珍, 瞿伟廉. 焊接节点构造细节的低周疲劳试验研究 [J]. 华中科技大学学报 (自然科学版), 2016, 44 (10): 36-40.

[97] Huang L Z, Qu W L, Zhao E N, Zhou Q. Experimental study on extremely low-cycle material fatigue resistance for two types of welded structural details [J]. Key Engineering Materials, 2017, 730.

[98] 陈传尧. 疲劳与断裂 [M]. 武汉: 华中科技大学出版社, 2002.

[99] Kuroda M. Extremely low cycle fatigue life prediction based on a new cumulative fatigue damage model [J]. International Journal of Fatigue, 2002, 24 (6): 699-703.

[100] Tateishi K, Hanji T, Minami K. A prediction model for extremely low cycle fatigue strength of structural steel [J]. International Journal of Fatigue, 2007, 29 (5): 887-896.

[101] Uang C M, Yu Q S, Sadre A, et al. Seismic response of an instrumented 13 story steel frame building damaged in the 1994 Northridge earthquake [J]. Earthquake Spectra, 1997, 13 (1): 131-149.

[102] Krawinkler H, Al-Ali A. Seismic demand evaluation for a 4-story steel frame structure damaged in the Northridge earthquake [J]. Structural Design of Tall

Buildings, 1996, 5 (1): 1-27.

[103] Naeim F, Jr R M D, Benuska K V, et al. Seismic performance analysis of a multistory steel moment frame building damaged during the 1994 Northridge earthquake [J]. Structural Design of Tall Buildings, 2006, 4 (4): 263-312.

[104] Mahin S A. Lessons from damage to steel buildings during the Northridge earthquake [J]. Engineering Structures, 1998, 20 (4-6): 261-270.

[105] Tremblay R, Filiatrault A, Timler P, et al. Performance of steel structures during the 1994 Northridge earthquake [J]. Canadian Journal of Civil Engineering, 1995, 22 (2): 338-360.

[106] 王万祯, 陈飞益, 黄友钱, 等. 箱形柱-H 形钢梁节点断裂机理及梁翼缘扩大头和长槽孔节点研究 [J]. 工程力学, 2013, 30 (06): 197-204.

[107] Chen C, Lin C, Tsai C. Evaluation of reinforced connections between steel beams and box columns [J]. Engineering Structures, 2004, 26: 1889-1904.

[108] Seyed Rasoul Mirghaderi, Shahabeddin Torabian, Farhad Keshavarzi. I-beam to box-column connection by a vertical plate passing through the column [J]. Engineering Structures, 2010, (32): 2034-2048.

[109] Mirghaderi S R, Torabian S, Keshavarzi F. I-beam to box-column connection by a vertical plate passing through the column [J]. Engineering Structures, 2010, 32 (8): 2034-2048.

[110] Goswami R, Murty C R. Externally reinforced weldedI-beam-to-box-column seismic connection [J]. Journal of Engineering Mechanics, 2010, 136 (1): 23-30.

[111] Kim T, Stojadinovic B, Whittake A S. Seismic performance of pre-Northridge welded steel moment connections to built-up box columns [J]. Journal of Structural Engineering, 2008, 134 (2): 289-299.

[112] Kim Y, Oh S H. Effect of moment transfer efficiency of a beam web on deformation capacity at box column-to-H beam connections [J]. Journal of Constructional Steel Research, 2007, 63: 24-36.

[113] 陈以一, 李刚, 庄磊, 等. H 形钢梁与钢管柱隔板贯通式连接节点抗震性

能试验 [J]. 建筑钢结构进展，2006（01）：23-30.

[114] 刘洪波，谢礼立，邵永松. 钢结构箱形柱与工字梁刚性节点有限元分析 [J]. 哈尔滨工业大学学报，2007（08）：1211-1215.

[115] 林克强，庄胜智，张福全，张柏彦. 典型钢梁与箱形柱采用梁翼切削或梁翼加盖板抗弯接头的破坏模式 [J]. 建筑钢结构进展，2010，12（02）：1-12.

[116] Z Saneei Nia, A Mazroi, M Ghassemieh, et al. Seismic performance and comparison of three different I beam to box column joints [J]. Earthquake Engineering and Engineering Vibration, 2014, 13: 717-729.

[117] 李顺群，冯慧强，张少峰，等. 用于测试三维应变状态的测试装置及其测试方法 [P]. 天津：CN104482913A，2015-04-01.

[118] 李顺群，高凌霞，冯慧强，等. 一种接触式三维应变花的工作原理及其应用 [J]. 岩土力学，2015，36（05）：1513-1520.

[119] Mulvihill D M, O'Driscoll C, Stanley W, et al. A comparison of various patterns of three-dimensional strain rosettes [J]. Strain, 2011, 47: e447-e456.

[120] Kim T, Stojadinovic B, Whittaker AS. Seismic performance of US steel box column connections [C]. Proceedings, 13th World Conference on Earthquake Engineering, Canada, 2004, Paper No. 981.

[121] 赵而年，瞿伟廉，周强. 多轴加载条件下结构钢基材及焊接件低周疲劳性能试验研究 [J]. 建筑结构学报，2016，37（12）：153-160.

[122] Chu C C. Fatigue damage calculation using the critical plane approach [J]. Journal of Engineering Materials & Technology, 1995, 117 (1): 41-49.

[123] Shamsaei N. Multiaxial fatigue and deformation including non-proportional hardening and variable amplitude loading effects [D]. The University of Toledo Dissertations, 2010.

[124] Colombi P, Doliński K. Fatigue lifetime of welded joints under random loading: Rainflow cycle vs. cycle sequence method [J]. Probabilistic Engineering Mechanics, 2001, 16 (1): 61-71.

［125］ Carpinteri A, Spagnoli A, Vantadori S. A multiaxial fatigue criterion for random loading［J］. Fatigue & Fracture of Engineering Materials & Structures, 2003, 26（26）: 515-522.

［126］ Bannantine J A, Socie D F. A multiaxial fatigue life estimation technique［J］. ASTM Special Technical Publication, 1990（1122）: 27.

［127］ 金丹, 陈旭. 多轴随机载荷下的疲劳寿命估算方法［J］. 力学进展, 2006（01）: 65-74.

［128］ Karolczuk A, Macha E. A review of critical plane orientations in multiaxial fatigue failure criteria of metallic materials［J］. International Journal of Fracture, 2005, 134（3）: 267-304.

［129］ You B, Lee S. A critical review on multiaxial fatigue assessments of metals［J］. International Journal of Fatigue, 1996, 18（4）: 235-244.

［130］ 陈旭, 高庆, 孙训方, 等. 非比例载荷下多轴低周疲劳研究最新进展［J］. 力学进展, 1997, 27（3）: 313-325.

［131］ 付德龙, 张莉, 程靳. 多轴非比例加载低周疲劳寿命预测方法的研究［J］. 应用力学学报, 2006, 23（2）: 218-221.

［132］ Wu Zhirong, Hua Xuteng, Song Yingdong. Multiaxial fatigue life prediction for titanium alloy TC4 under proportional and nonproportional loading［J］. International Journal of Fatigue, 2014, 59（3）: 170-175.

［133］ 赵而年. 多轴低周疲劳寿命预测与钢框架梁柱节点的地震损伤评估研究［D］. 武汉理工大学, 2017.

［134］ 赵而年, 瞿伟廉. 一种新的多轴非比例低周疲劳寿命预测临界面模型［J］. 力学学报, 2016, 48（04）: 944-952.

［135］ Shamsaei N, Fatemi A. Effect of microstructure and hardness on non-proportional cyclic hardening coefficient and predictions［J］. Materials Science & Engineering A, 2010, 527（12）: 3015-3024.

［136］ Shamsaei N, Fatemi A, Socie D F. Multiaxial fatigue evaluation using discriminating strain paths［J］. International Journal of Fatigue, 2011, 33（4）: 597-609.

[137] 肖林，白菊丽 . Zr-4 合金双轴疲劳行为及其微观变形机理 I：双轴疲劳变形行为 [J]. 金属学报，2000（09）：913-918.

[138] 于良，白菊丽，肖林 . Zr-4 合金双轴加载中的非比例附加软化与附加强化 [J]. 西安交通大学学报，2004（03）：299-302.

[139] Itoh T, Sakane M, Socie D F, et al. Nonproportional low cycle fatigue criterion for type 304 stainless steel [J]. Journal of Engineering Materials and Technology, 1995, 117（3）：285-292.

[140] Borodii M, Strizhalo V. Analysis of the experimental data on a low cycle fatigue under nonproportional straining [J]. International Journal of Fatigue, 2000, 22（4）：275-282.

[141] 钟波，王延荣，魏大盛，等 . 基于应变路径非比例度的多轴疲劳寿命预测 [J]. 航空动力学报，2016，31（02）：317-322.

[142] Kanazawa K, Miller K J, Brown M W. Low cycle fatigue under out-of-phase loading conditions [J]. Transactions of ASME：Journal of Engineering Materials Technology, 1997, 1：156-164.

[143] McDowell D L. An experimental study of the structure of constitutive equation for non-proportional cyclic plasticity [J]. Journal of Engineering Materials and Technology, 1984, 107：307-312.

[144] 何国求，陈成澍，高庆，等 . 基于微结构分析定义应变路径非比例度 [J]. 金属学报，2003，39（7）：715-720.

[145] 石永久，王萌，王元清 . 循环荷载作用下结构钢材本构关系试验研究 [J]. 建筑材料学报，2012，15（3）：293-300.

[146] Wang C H, Brown M W. A path-independent parameter for fatigue under proportional and non-proportional loading [J]. Fatigue & Fracture of Engineering Materials & Structures, 1993, 16（12）：1285-1297.

[147] 陆新征，林旭川，叶列平 . 多尺度有限元建模方法及其应用 [J]. 华中科技大学学报（城市科学版），2008，25（4）：76-80.

[148] Broughton J Q, Abraham F F. Concurrent coupling of length scales：

Methodology and application ［J］. Physical Review B, 1999, 60 （4）: 2391-2403.

［149］ Rudd R E, Broughton J Q. Concurrent coupling of length scales in solid state systems ［J］. Physical Review B, 2005, 217 （1）: 251-291.

［150］ Li Z X, Jiang F F, Tang Y Q. Multi-scale analyses on seismic damage and progressive failure of steel structures ［J］. Finite Elements in Analysis & Design, 2012, 48 （1）: 1358-1369.

［151］ 吴佰建, 李兆霞, 汤可可. 大型土木结构多尺度模拟与损伤分析——从材料多尺度力学到结构多尺度力学 ［J］. 力学进展, 2007, 37 （3）: 321-336.

［152］ 石永久, 王萌, 王元清. 基于多尺度模型的钢框架抗震性能分析 ［J］. 工程力学, 2011, 28 （12）: 20-26.

［153］ 石永久, 王萌, 王元清. 钢框架不同构造形式焊接节点抗震性能分析 ［J］. 工程力学, 2012, 29 （7）: 75-83.

［154］ Chavan K S, Wriggers P. Consistent coupling of beam and shell models for thermo-elastic analysis ［J］. International Journal for Numerical Methods in Engineering, 2004, 59 （14）: 1861-1878.

［155］ Garusi E, Tralli A. A hybrid stress-assumed transition element for solid-to-beam and plate-to-beam connections ［J］. Computers & Structures, 2002, 80 （2）: 105-115.

［156］ Ahn J S, Woo K S. Analysis of cantilever plates with stepped section using p-convergent transition element for solid-to-shell connections ［J］. Advances in Structural Engineering, 2011, 14 （6）: 1167-1183.

［157］ Shim K W, Monaghan D J, Armstrong C G. Mixed dimensional coupling in finite element stress analysis ［J］. Engineering with Computers, 2002, 18 （3）: 241-252.

［158］ McCune R W, Armstrong C G, Robinson D J. Mixed-dimensional coupling in finite element models ［J］. International Journal for Numerical Methods in Engineering, 2000, 49 （49）: 725-750.